中国民用航空西南地区空中交通管理局专业工具丛书

实用陆空通话指南

中国民用航空西南地区空中交通管理局 编著

西南交通大学出版社
·成 都·

图书在版编目（CIP）数据

实用陆空通话指南 / 中国民用航空西南地区空中交通管理局编著. -- 成都：西南交通大学出版社，2024.6. -- ISBN 978-7-5643-9853-8

Ⅰ.V243.1—62

中国国家版本馆 CIP 数据核字第 2024CB9403 号

Shiyong Lukong Tonghua Zhinan
实用陆空通话指南

中国民用航空西南地区空中交通管理局　编著

责任编辑	郭鑫鹏
封面设计	GT 工作室
出版发行	西南交通大学出版社 （四川省成都市金牛区二环路北一段 111 号 西南交通大学创新大厦 21 楼）
邮政编码	610031
营销部电话	028-87600564　028-87600533
网址	http://www.xnjdcbs.com
印刷	四川煤田地质制图印务有限责任公司
成品尺寸	185 mm×260 mm
印张	9
字数	161 千
版次	2024 年 6 月第 1 版
印次	2024 年 6 月第 1 次
定价	38.80 元
书号	ISBN 978-7-5643-9853-8

图书如有印装质量问题　本社负责退换
版权所有　盗版必究　举报电话：028-87600562

《实用陆空通话指南》
审校委员会

主　　任	何天剑
副 主 任	王小龙　　陈　甫
委　　员	（以姓名笔画为序）

王　兵　　王　墨　　方　伟　　方大敏
朱　江　　向　宇　　刘　辉　　刘国毅
江　洵　　吴向阳　　吴卓谦　　周　静
杨艳华　　蒋星辉　　蔡昆杰　　廖　微
滕冀川　　戴永生

《实用陆空通话指南》
编写委员会

主　　任	刘国毅
主　　编	蒋星辉
编　　委	（以姓名笔画为序）
	王兴一　　王夏玲　　刘　洋　　李宇昂
	李森桦　　吴怡珂　　邵永强　　赵仁昊
	徐志峰　　赖　亮
特邀顾问	罗　军（中国民用航空飞行学院）
	李哲思（中国国际航空有限公司西南分公司）
	易　科（中国国际航空有限公司西南分公司）
	刘　万（成都航空有限公司）

序

民航西南空管局以"三基建设"为切入点，狠抓"五个资质"能力建设，不断加强专业技术人才队伍建设，持续强化管制队伍保障能力，以"创新"为原动力，助推高质量发展，切实提高整体保障能力和服务水平。

无线电陆空通话是管制员与飞行员信息沟通的主要方式，是管制员从业的基本功，其正确和标准与否直接关系到飞行安全与效率。国内和国际航空史上由于无线电通话用语不规范或不恰当导致的不安全案例屡见不鲜。目前，标准陆空通话在指导地空无线电交流、保障航班正常和安全方面发挥了巨大的作用。但是，由于标准覆盖的局限性、个体认知的差异性和实际运用的灵活性，实际工作中仍然存在不能正确运用和无标准可用的情况。《实用陆空通话指南》很好地弥补了这一不足，对确保空中交通的安全和顺畅具有积极的作用。

《实用陆空通话指南》由标准通话、通话技巧、非常规通话和助理席通话技巧四个方面内容组成。本书对标准通话进行整理归纳，梳理了常见的使用误区，总结了日常工作惯用的指令用语；通过指令严密性、指令合理性、提高地空配合度、维持指令权威等十个方面的要点阐述和实例分析，深入浅出地阐明了提升地空沟通效果的方法和技巧；梳理和概括了非常规情形下的通话，形成特情通用通话模板，并提供了试飞校飞、设备告警等未规范情形的通话范例；阐明了助理席通话的要点和沟通协调的技巧。

《实用陆空通话指南》的出版，有利于提升陆空通话效率，提升服务水平，促进空地协作，是提质增效的具体举措；有助于提升管制队伍整体通话水平，强化业务资质能力，是夯实"三基"的重要抓手；有益于激发管制员钻研业务的热情，锻炼管制员总结、提炼、分享经验的能力，是人才培养的创新尝试。

"他山之石，可以攻玉"，希望广大管制员能认真学习、思考，将本指南中优秀的经验和做法转化为自身成长的养料，苦练基本功，进一步提升空管安全保障能力。希望更多管制同仁能加入钻研业务的潮流中来，勤学苦练、相互学习，通过更多形式的创新探索，全面锻炼自身能力，铸就一支业务精湛、勤学善思、能力全面的管制队伍。让我们一同努力前行，把经验转化为能力，把技能提炼成技巧，把思考培养成习惯，为建设世界一流空管奋力前行！

2024年1月

目 录

第一章　标准通话 ··· 001
　　一、数字的标准读法 ··· 002
　　二、单词的标准读法及含义 ·· 008
　　三、区域标准通话用语 ··· 016

第二章　通话技巧 ··· 026
　　一、指令严密性 ·· 027
　　二、指令合理性 ·· 031
　　三、语音语速语调 ·· 035
　　四、空地配合度 ·· 037
　　五、共情意识 ·· 041
　　六、指代明确 ·· 047
　　七、复诵监听 ·· 055
　　八、维持权威 ·· 062
　　九、节奏把控 ·· 069
　　十、听音辨人 ·· 077

第三章　非常规通话 ··· 082
　　一、复杂天气 ·· 083
　　二、特情类通话 ·· 088
　　三、告警类通话 ·· 095
　　四、空中等待 ·· 098
　　五、试飞校飞通航保障 ··· 101

  六、飞错航路 …………………………………………………… 105

  七、流控机动 …………………………………………………… 108

  八、限制区改航 ………………………………………………… 113

第四章 助理席通话技巧 …………………………………………… 116

  一、助理席常规通话 …………………………………………… 117

  二、协调与拒绝 ………………………………………………… 126

  三、沟通中的歧义及避免技巧 ………………………………… 130

  四、与管制席的沟通配合 ……………………………………… 132

后 记 ………………………………………………………………… 133

01
第一章
标准通话

一、数字的标准读法

1. 数字的标准读法（见表 1.1）

表 1.1　数字的标准读法

数字	汉语读法	英语读法	备注
0	洞	ZE-RO	
1	幺	WUN	
2	两	TOO	
3	三	TREE	
4	四	FOW-er	
5	五	FIFE	
6	六	SIX	
7	拐	SEV-en	
8	八	AIT	
9	九	NIN-er	
.	点	DAY-SEE-MAL 或 POINT	马赫数中使用"POINT"；频率中使用"DAYSEEMAL"
100	百	HUN-dred	
1 000	千	TOU-SAND	

2. 符合我国高度层配备标准的高度读法（见表 1.2）

表 1.2　符合我国高度层配备标准的高度读法

高度	汉语读法	英语读法
600 m	六百	SIX HUN-dred METERS
900 m	九百	NIN-er HUN-dred METERS
1 200 m	幺两	WUN TOU-SAND TOO HUN-dred METERS
1 500 m	幺五	WUN TOU-SAND FIFE HUN-dred METERS

续表

高度	汉语读法	英语读法
1 800 m	幺八	WUN TOU-SAND AIT HUN-dred METERS
2 100 m	两幺	TOO TOU-SAND WUN HUN-dred METERS
2 400 m	两千四	TOO TOU-SAND FOW-er HUN-dred METERS
2 700 m	两拐	TOO TOU-SAND SEV-en HUN-dred METERS
3 000 m	三千	TREE TOU-SAND METERS
3 300 m	三千三	TREE TOU-SAND TREE HUN-dred METERS
3 600 m	三千六	TREE TOU-SAND SIX HUN-dred METERS
3 900 m	三千九	TREE TOU-SAND NIN-er HUN-dred METERS
4 200 m	四两	FOW-er TOU-SAND TOO HUN-dred METERS
4 500 m	四千五	FOW-er TOU-SAND FIFE HUN-dred METERS
4 800 m	四千八	FOW-er TOU-SAND AIT HUN-dred METERS
5 100 m	五幺	FIFE TOU-SAND WUN HUN-dred METERS
5 400 m	五千四	FIFE TOU-SAND FOW-er HUN-dred METERS
5 700 m	五拐	FIFE TOU-SAND SEV-en HUN-dred METERS
6 000 m	六千	SIX TOU-SAND METERS
6 300 m	六千三	SIX TOU-SAND TREE HUN-dred METERS
6 600 m	六千六	SIX TOU-SAND SIX HUN-dred METERS
6 900 m	六千九	SIX TOU-SAND NIN-er HUN-dred METERS
7 200 m	拐两	SEV-en TOU-SAND TOO HUN-dred METERS
7 500 m	拐五	SEV-en TOU-SAND FIFE HUN-dred METERS
7 800 m	拐八	SEV-en TOU-SAND AIT HUN-dred METERS
8 100 m	八幺	AIT TOU-SAND WUN HUN-dred METERS
8 400 m	八千四	AIT TOU-SAND FOW-er HUN-dred METERS
8 900 m	八千九	AIT TOU-SAND NIN-er HUN-dred METERS
9 200 m	九千二	NIN-er TOU-SAND TOO HUN-dred METERS
9 500 m	九千五	NIN-er TOU-SAND FIFE HUN-dred METERS
9 800 m	九千八	NIN-er TOU-SAND AIT HUN-dred METERS
10 100 m	幺洞幺	WUN ZE-RO TOU-SAND WUN HUN-dred METERS

续表

高度	汉语读法	英语读法
10 400 m	幺洞四	WUN ZE-RO TOU-SAND FOW-er HUN-dred METERS
10 700 m	幺洞拐	WUN ZE-RO TOU-SAND SEV-en HUN-dred METERS
11 000 m	幺幺洞	WUN WUN TOU-SAND METERS
11 300 m	幺幺三	WUN WUN TOU-SAND TREE HUN-dred METERS
11 600 m	幺幺六	WUN WUN TOU-SAND SIX HUN-dred METERS
11 900 m	幺幺九	WUN WUN TOU-SAND NIN-er HUN-dred METERS
12 200 m	幺两两	WUN TOO TOU-SAND TOO HUN-dred METERS
12 500 m	幺两五	WUN TOO TOU-SAND FIFE HUN-dred METERS
13 100 m	幺三幺	WUN TREE TOU-SAND WUN HUN-dred METERS
13 700 m	幺三拐	WUN TREE TOU-SAND SEV-en HUN-dred METERS
14 300 m	幺四三	WUN FOW-er TOU-SAND TREE HUN-dred METERS
14 900 m	幺四九	WUN FOW-er TOU-SAND NIN-er HUN-dred METERS
15 500 m	幺五五	WUN FIFE TOU-SAND FIFE HUN-dred METERS

注：因实际陆空通话情境中涉及飞行高度层时不读单位"米"，因此本书中文例句和通话示例中对其进行省略。

3. 其他数字组合读法（见表1.3）

表1.3　其他数字组合读法

使用环境	数字	汉语读法	英语读法
以 1 013.2 hPa 为基准面，符合英制高度层配备标准的高度	9 000 ft	九千英尺	FLIGHT LEVEL NIN-er ZE-RO
	29 000 ft	高度层两九洞	FLIGHT LEVEL TOO NIN-er ZE-RO
高度指令涉及公、英制高度层转换时	9 200 m	九千二百米	NIN-er TOU-SAND TOO HUN-dred METERS
	10 700 m	一万零七百米	WUN ZE-RO TOU-SAND SEV-en HUN-dred METERS
	29 000 ft	两万九千英尺	FLIGHT LEVEL TOO NIN-er ZE-RO

续表

使用环境	数字	汉语读法	英语读法
非固定高度层的高度使用	100 m(QNH)	修正海压一百米	WUN HUN-dred METERS ON QNH
	450 m(QNE)	标准气压四百五十米	FOW-er FIFE ZE-RO METERS ON STANDARD
	700 m(QNH)	修正海压七百米	SEV-en HUN-dred METERS ON QNH
	1 210 m (QNE)	标准气压一千两百一十米	WUN TOO WUN ZE-RO METERS ON STANDARD
	8 000 m (QNE)	标准气压八千米	AIT TOU-SAND METERS ON STANDARD
	7 100 m (QNE)	标准气压七千一百米	SEV-en TOU-SAND WUN HUN-dred METERS ON STANDARD
最低下降（决断）高/（高度）	MDH 130 m	最低下降高一百三十米	MINIMUM DESCENT HEIGHT WUN TREE ZE-RO METERS
	DA 486 m	决断高度四百八十六米	DECISION ALTITUDE FOW-er AIT SIX METERS
机场标高	269 m	标高两百六十九米	ELEVATION TOO SIX NIN-er METERS
时间	12:35 UTC	三五分或幺两三五	TREE FIFE or WUN TOO TREE FIFE UTC
	10:00 UTC	十点整或幺洞洞洞	ZE-RO ZE-RO or WUN ZE-RO ZE-RO ZE-RO UTC
	12:40 北京时	北京时四洞或北京时幺两四洞	FOW-er ZE-RO Beijing time or WUN TOO FOW-er ZE-RO Beijing time
气压（高度表拨正值）	QFE 1 003	场压幺洞洞三	QFE WUN ZE-RO ZE-RO TREE
	QNH 1 000	修正海压幺洞洞洞	QNH WUN ZE-RO ZE-RO ZE-RO
	QNH 998	修正海压九九八	QNH NIN-er NIN-er AIT HECTOPASCALS
航向	100°	航向幺洞洞	Heading WUN ZE-RO ZE-RO
	005°	航向洞洞五	Heading ZE-RO ZE-RO FIFE
	360°	航向三六洞	Heading TREE SIX ZE-RO
速度	280 kn	速度两八洞	TOO AIT ZE-RO KNOTS
	450 km/h	四百五十公里[①]小时	FOW-er FIFE ZE-RO KILOMETERS PER HOUR
	M0.85	马赫数点八五	MACH NUMBER POINT AIT FIFE
	7 m/s	拐米秒	SEV-en METERS PER SECOND

① 根据陆空通话中的习惯，本书通话语境中依然使用"公里"这一读法。

005

续表

使用环境	数字	汉语读法	英语读法
频率	121.45 MHz	幺两幺点四五	WUN TOO WUN DAY-SEE-MAL FOW-er FIFE
	6 565 kHz	高频六五六五	SIX FIFE SIX FIFE KILO HERTZ
	132.01 MHz	幺三两点洞幺	ONE TREE TWO DAY-SEE-MAL ZERO ONE
跑道	03	跑道洞三	Runway ZE-RO TREE
	08L	跑道洞八左	Runway ZE-RO AIT LEFT
距离	18 n mile	幺八海里	WUN AIT MILES
	486 km	四百八十六公里	FOW-er AIT SIX KILOMETERS
时钟方位	1点钟方位	一点钟方位	WUN O'CLOCK
	10点钟方位	十点钟方位	TEN O'CLOCK
	11点钟方位	十一点钟方位	ELEVEN O'CLOCK
	12点钟方位	十二点钟方位	TWELVE O'CLOCK
应答机编码	3213	应答机三两幺三	SQUAWK TREE TOO WUN TREE
经纬度	32°05′02″N, 107°32′04″E	北纬三两洞五洞两，东经幺洞拐三两洞四	Latitude TREE TOO degrees ZE-RO FIFE minutes ZE-RO TOO seconds North, Longitude WUN ZE-RO SEV-en degrees TREE TOO minutes ZE-RO FOW-er seconds East
	05°21′15″S, 145°08′20″W	南纬洞五两幺幺五，西经幺四五洞捌两洞	Latitude ZE-RO FIFE degrees TOO WUN minutes WUN FIFE seconds South, Longitude WUN FOW-er FIFE degrees ZE-RO AIT minutes TOO ZE-RO seconds West
机型	B737-300	波音七三七三百	Boeing SEV-en TREE SEV-en TREE HUN-dred
	A340	空客三四零	Airbus TREE FOW-er ZE-RO
	EMB145	EMB145（幺四五）	EMB WUN FOW-er FIFE
	Y-7 200	运七两百	Yun SEV-en TOO HUN-dred
	TU-204	图204（两洞四）	Tupolev TOO ZE-RO FOW-er
	D-328	道尼尔328（三两八）	Dornier TREE TOO AIT
	CRJ-200	CRJ两百	CRJ TOO HUN-dred

续表

使用环境	数字	汉语读法	英语读法
能见度	1 800 m	能见度一千八百米	VISIBILITY WUN TOU-SAND AIT HUN-dred METERS
	700 m	能见度七百米	VISIBILITY SEV-en HUN-dred METERS
RVR（跑道视程）	200 m	跑道视程两百米	RVR TOO HUN-dred METERS
	1 200 m	跑道视程一千两百米	RVR WUN TOU-SAND TOO HUN-dred METERS
风向风速	330° 10 m/s	三三洞幺洞米秒	WIND TREE TREE ZE-RO DEGREES WUN ZE-RO METERS PER SECOND
	阵风 15 m/s	阵风幺五（米秒）	GUSTING WUN FIFE (METERS PER SECOND)
	270° 12 kn	两拐洞幺两节	WIND TOO SEV-en ZE-RO DEGREES WUN TOO KNOTS
航空器呼号	CCA123	国航 123	AIR CHINA WUN TOO TREE
	CCA1111	国航 1 111	AIR CHINA WUN WUN WUN WUN
	CCA4111	国航 4 111	AIR CHINA FOW-er WUN WUN WUN
	UAL888	美联航 888	UNITED AIT AIT AIT

注：1 ft = 0.304 8 m；1 n mile = 1 852 m；1 kn = 1 n mile/h = 0.514 444 m/s。

二、单词的标准读法及含义（见表 1.4）

表 1.4 单词的标准读法及含义

词/短语	中文	含义	备注	例句
ACKNOWLEDGE	请认收	Let me know that you have received and understood this message. 向我表示你已经收到并理解该电报	可用于重要指令发布后需要飞行员明确认收的情况，例：中断起飞等	CCA101, stop immediately. CCA101, stop immediately acknowledge. 国航101，中断起飞。国航101，中断起飞，请认收
AFFIRM	是的/对的/正确	Yes. 是的	在FAA（美国联邦航空管理局）中使用"AFFIRMTIVE"，不建议使用，易与"NEGATIVE"混淆	飞行员：Beijing tower, CCA101, confirm push back face east? 北京塔台，国航101，证实头朝东推出？ 管制员：CCA101, affirm. 国航101，是的
APPROVED	同意	Permission for proposed action granted. 批准所申请的行动	前提是有申请才会有同意；对于同意航空器推出的指令应使用"同意推出"，不使用"可以推出"	CCA101, push back approved. 国航101，同意推出
BREAK	还有	I hereby indicate the separation between portions of the message. 表示电报各部分的间断	用于电文与电报的其他部分无明显区别的情况。如果信息的各个部分之间没有明显的区别可以使用该词作为信息各部分之间的间隔标志；建议不用	CCA101 taxi to runway 36R, break, taxiway center line lighting unserviceable. 国航101滑到36R跑道，还有，滑行道中线灯光故障
BREAK BREAK	断开	I hereby indicate the separation between messages transmitted to different aircraft in a very busy environment. 表示在非常繁忙的情况下，发布给不同航空器的电报之间的间断	容易与编队指令混淆，使用时应注意；容易被机组打断，谨慎使用；如果使用，建议中文通话时直接使用"BREAK BREAK"	CCA101 descend immediately to 5 400 m, break break, all stations, stop transmitting MAYDAY. 国航101立即下降到5 400，BREAK BREAK，各台停止发话，有遇险活动

008

续表

词/短语	中文	含义	备注	例句
CANCEL	取消	Annul the previously transmitted clearance. 废除此前所发布的许可	许可是指空中交通管制单位对航空器在限定条件下运行的批准，包括：滑行、起飞、离场、加入航路、进近、着陆等许可。 　　对于已同意推出车的航空器，在航空器还未动时，使用"HOLD POSITION"。航空器已经开始推出，使用"STOP PUSH BACK(reason)"。之后可以继续执行推出时使用"CONTINUE PUSH BACK"	CCA101 hold position, cancel takeoff clearance, I say again, cancel takeoff clearance, vehicle on the runway. 　　国航101原地等待，取消起飞许可，重复一遍，取消起飞许可，跑道上有车辆
CHECK	检查	Examine a system or procedure, and no answer is normally expected. 　　检查系统或程序，且通常不回答	不用于其他情况	CCA101, check your transmitter. 　　国航101，检查你的发射机
CLEARED	可以	Authorized to proceed under the conditions specified. 　　批准按指定条件前行	在指挥上升下降时除希望机组自行掌握上升/下降时机外，禁止使用"CLEARED"；在CAAC（中国民用航空局）中"CLEAR"被限定用于： 　　（1）ATC clearances。 　　（2）Departure and Approach instructions。 　　（3）Take-off and landing clearances	CCA101, wind calm, cleared for take off. 　　国航101，静风，可以起飞

续表

词/短语	中文	含义	备注	例句
CONFIRM	证实	I request verification of: (clearance, instruction, action, information). 我请求核实以下内容：（许可、指令、动作、信息）	此处使用 ICAO（国际民用航空组织）的含义；ICAO 已更改"CONFIRM"的含义，用于核实"许可""指令""动作""信息"的正确性；通话时"CONFIRM"后面应加上需要核实的内容；不等同于"REPORT"，不能说"CONFIRM LEVEL""CONFIRM STAND"等；FAA 标准通话中不使用"CONFIRM"，需要时由"VERIFY"替代	CCA101, confirm 1 200 m maintaining? 国航 101，证实保持 1 200？ CCA101, confirm speed 250 kn? 国航 101，证实速度 250 节？ CCA101, confirm stand 211? 国航 101，证实停机位 211？
CONTACT	联系	Establish radio contact with… 与……建立无线电联系	重音在前面；在 FAA 中还有第二种用法：用于表述一种飞行状态，如"CONTACT APPROACH"	CCA101 contact tower 118.5. 国航 101 联系塔台 118.5
CORRECT	正确	That is correct. 你所讲的是正确的	用于当飞行员复诵正确时；对于陈述内容正确性的客观肯定	CCA101 read-back correct. 国航 101 复诵正确
CORRECTION	更正	An error has been made in this transmission or message indicated. The correct version is… 本电报出了一个错误或发布的信息本身是错的，正确的内容应当是……	如果有必要重复完整信息，应使用"CORRECTION, I SAY AGAIN"	CCA901, correction, CCA101 start-up approved. 国航 901，更正，国航 101，同意开车

010

续表

词/短语	中文	含义	备注	例句
DISREGARD	作废	Consider that transmission as not sent. 当作信息没有发送	当许可、指令已经发出时，不能使用"DISREGARD"取消之前的许可或指令，此时应使用术语"CORRECTION"并重复有效的指令；建议中文通话中直接使用"DISREGARD"	CCA101, disregard. 国航101，作废。 错误：CCA101, climb and maintain 1 500 m, disregard. 正确：CCA101, climb and maintain 1 500 m, correction, CCA101, maintain 1 200 m. 国航101，上升到1 500保持，更正，国航101，保持1 200
GO AHEAD	请讲	proceed with your message. 发你的电报	在ICAO中已经取消该短语，只有在使用"SELCAL"时使用。需要处使用"呼叫发起方呼号+回答方呼号"表达"请讲"的含义； 在FAA中有此短语，含义为"请讲"，并明确表明不用于其他含义； 在CAAC中使用同ICAO，必要时可使用"PASS YOUR MESSAGE"	飞行员：Beijing Tower, CCA101. 北京塔台，国航101. 管制员：CCA101, Beijing Tower, (pass your message). 国航101，北京塔台，（请讲）
HOW DO YOU READ?	你听我几个	What is the readability of my transmission? 我所发电报的清晰度如何？	"HOW DO YOU READ?"用于当通话质量不好时，向对方证实信号质量； "RADIO CHECK"用于发起方在频率首次使用前进行频率测试	CCA101 how do you read? 国航101听我声音怎样？

011

续表

词/短语	中文	含义	备注	例句
I SAY AGAIN	我重复一遍	I repeat for clarity or emphasis. 为了表示澄清或强调，我重复一遍		CCA101 hold position, cancel takeoff clearance, I say again, cancel takeoff clearance, vehicle on the runway. 国航101原地等待，取消起飞许可，重复一遍，取消起飞许可，跑道上有车辆
MAINTAIN	保持	按照指定的条件保持	"MAINTAIN"用于高度、速度、VFR（目视飞行规则）/IFR（仪表飞行规则），不用于航向保持；保持航向应使用"CONTINUE HEADING"	CCA101 descend and maintain 4 500 m. 国航101，下降到4 500保持
MONITOR	守听	Listen out on (frequency). 持续收听某个频率的广播信息	没有移交频率的含义，但在FAA中，可用于地面上的航空器在移交频率时要求机组在下一个频率等待管制员与之首先联系；不建议使用FAA的此种用法，如需使用时，采用ICAO的用法"STAND BY FOR (unit call sign) (frequency)"（见本表"STANDBY"词条）	CCA101, monitor ATIS 127.6. 国航101，收听通播127.6
NEGATIVE	错误、不同意或没有	No or Permission not granted or That is not correct. 并非如此或不允许或不对	当飞行员复诵错误，管制员可以使用"NEGATIVE, I SAY AGAIN（接正确的内容）"；"NEGATIVE"后面不要直接跟正确的指令，以避免误解；建议中文通话中使用"错误"或者直接使用"NEGATIVE"	飞行员：descend and maintain 4 500 m CCA101. 国航101下降到4 500保持 管制员：CCA101, negative, I say again, descend and maintain 5 400 m. 国航101，不对，下降到5 400保持

续表

词/短语	中文	含义	备注	例句
OUT	完毕	This exchange of transmissions is ended and no response is expected. 本次通话已经结束，并且你不需做出回答	注："OUT"通常不用于VHF（甚高频）通信中	CCA101, you are NO.2, OUT. 国航101，你是第二个，完毕
OVER	请回答	My transmission is ended and I expect a response from you. 我发话完毕，并希望你回答	注：用语"OVER"通常不用于VHF通信中	CCA101, QNH1011, over. 国航101，修正海压1 011，收到请回答
READ BACK	复诵	Report all, or the specified part, of this message back to me exactly as received. 请向我准确地重复本电报所有或部分内容	也可以作名词用，代表复诵的内容	CCA101 read-back correct. 国航101复诵正确
RECLEARED	重新许可	A change has been made to your last clearance and this new clearance supersedes your previous clearance or part of that. 此前发布给你的许可已经变更，这一新的许可将取代刚才的许可或其中部分内容	只用于变更"许可（CLEARANCE）"；不建议用于更改高度指令，不建议用于取代许可中的高度部分	CCA101 re-cleared offset 8 n mile right of track. 国航101，重新许可右偏置8海里
REPORT	报告	Pass me the following information. 向我传达下列情报	在FAA中经常会用"SAY"代替"REPORT"，不建议使用； 不能使用"CONFIRM"替代"REPORT"	CCA101 report final. 国航101五边报告
REQUEST	请求	I should like to know... or I wish to obtain... 我希望知道……或我希望得到……	注意与"REQUIRE"的区别，"REQUIRE"有命令的含义	CCA101 request takeoff. 国航101请求起飞

词/短语	中文	含义	备注	例句
ROGER	收到	I have received all of your last transmission. 我已经收到了你刚才的发话	"ROGER"只表明收到了信息，不含有任何肯定或否定的含义；任何条件下不得使用"ROGER"替代需复诵的内容或者用于需要给予肯定或否定回答的问题	CCA101 roger. 国航101 收到
SAY AGAIN	再说或重复一遍	Repeat all, or the following part, of your last transmission. 请重复你刚才发话的所有内容或下列部分		Station calling Beijing tower, say again your call sign. 呼叫北京塔台的机组，重复一下你的呼号
SPEAK SLOWER	讲慢点	Reduce your rate of speech. 请降低你的语速	注意不要误用为"SPEAK SLOWLY"，含义正好相反；英语通话时语速要求每分钟不超过100个词	Beijing tower speak slower. 北京塔台请讲慢点
STANDBY	稍等或等待	Wait and I will call you. 请等候，我将呼叫你	如果等待的时间比较长，呼叫方可能会再次呼叫；"STANDBY"没有同意或拒绝的含义，所以也不能用于取消指令；ICAO 还有一种用法："STAND BY FOR (unit call sign) (frequency)"含义是要求机组在转换到下一个管制频率后保持静默，等待管制员与之首先联系。不建议用于空中航空器。此种情况在 FAA 中使用"MONITOR (unit call sign) (frequency)"（见本表"MONITOR"词条）	CCA101, stand by for Tower 118.1, good day. 国航101，转换到塔台118.1保持静默，再见
UNABLE	无法执行	I cannot comply with your request, instruction, or clearance. 我无法执行你的申请、指令或许可	通常在"UNABLE"后要加原因；除固定的句式外，管制员不同意飞行员申请时应使用"NEGATIVE"	CCA101, unable RNAV departure. 国航101，不能执行RNAV（区域导航）离场

续表

词/短语	中文	含义	备注	例句
VERIFY	核实	Check and confirm with originator. 与发电方进行检查和确认	ICAO已取消"VERIFY"的用法，用"CONFIRM"替代，（见本表"CONFIRM"条目）； FAA中仍使用"VERIFY"而不使用"CONFIRM"； 建议不再使用"VERIFY"	CCA101 verify position. 国航101请核实目前位置
WILCO	照办	Abbreviation for "will comply", I understand your message and will comply with it. "将照办"的缩略语，我已经明白了你的电报并将按照该电报执行		CCA101 wilco. 国航101照办
WORDS TWICE	讲两遍	（1）As a request（对于申请来说）：Communication is difficult. Please send every word or group of words twice（通信困难，请把每个词/组送两遍）。 （2）As information（对于信息来说）：Since communication is difficult, every word or group of words in this message will be sent twice（由于通信困难，该电报的每个词/组将被发送两遍）	注意与"SAY AGAIN"的区别； 通话时，可以用"every phrase"替代"every word or group of words"	管制员： CCA101, since communication is difficult, every phrase will be sent twice. 国航101，因为通信困难，每个词将被发送两遍。 管制员： CCA101, CCA101, climb and maintain 1 200 m, climb and maintain 1 200 m. 国航101，国航101，上升到1 200保持，上升到1 200保持

015

三、区域标准通话用语

（一）基本操作程序及用语

1. 联系脱波

（1）如能听到我，应答机识别。
If you read, squawk ident.
（2）听我信号几个？
How do you read me?
（3）××，联系成都 122.8，再见。
××, contact Chengdu (on) 122.8, good day.
（4）××，长守。
××, remain this frequency.
（5）××，雷达服务终止，联系南充 118.6，再见。
××, radar service terminated, contact Nanchong tower (on) 118.6, good day.
（6）当不确定哪个航班在呼叫时，可以说：
Station calling Chengdu, say again your call sign.
（7）当飞行员发话信号差时，要求机组检查发话机：
××, read you 2, check your transmitter.

2. 位置报告

（1）××，不用发位置报。
××, Chengdu, omit position report.
（2）××，过 TOREG（重要点）报告。
××, report passing TOREG.
（3）××，报告距 WFX 距离。（背台飞行）
××, report distance from WFX.
（4）××，报告距某个 VOR 台的方位。（向台飞行）
××, report position to GAO VOR.
（5）过 GAO DME 30 海里报告。
Report 30 n mile from GAO DME.

3. 高度指令

（1）××，上升/下降到（高度）保持。

××, climb/descend and maintain (level).

（2）××，上升/下降率 1 500（英尺每分钟）。

××, climb/descend at 1 500 ft/min.

（3）××，上升/下降率不小于/不大于 1 500（英尺每分钟）。

××, climb/descend at 1 500 ft/min or greater/less.

（4）××，尽快上升/下降。

××, expedite climb/descend.

（5）××，尽快通过。

××, expedite passing.

（6）机组申请改变高度，管制员不同意。

××，保持高度。（UBDID 之后再申请）

××, negative. (Request after UBDID)

（机组进一步询问后答复）

（7）预计 25 分/在 YBN 下降。

Expect descent at (25 or YBN).

（8）机组和管制员对改变高度需求不一致。

××，上升/下降到 9 200 保持，因为冲突/间隔/限制。

××, climb/descend and maintain 9 200 m due traffic/separation/restriction.

（9）××，上升到标准气压 3 000 米保持，因为冲突。

××, climb and maintain 3 000 m on standard, due traffic.

（10）××，能接受高度 S1130 吗？

××, can you accept 11 300 m?

（11）××，下降到 4 800 过 EKOKA。

××, descend and maintain 4 800 m by EKOKA.

（12）××，2 分钟以内保持 8 900。

××, maintain 8 900 m within 2 min.

（13）询问机组所申请的巡航（最优）高度。

××, report your requested cruising level.

or ××, report your planing cruising level.

（14）某个高度层不可用。

××, 10 700 m is not available due crossing traffic, alternatives are 10 100 m or

11 300 m, advise.

or ××, 10 700 m not available due crossing traffic, either 10 100 m or 11 300 m are available, advise your choice.

4. 速度指令

（1）××，表速 300/马赫数点八洞。

××, speed 300 kn/mach number point 80.

（2）××，增速/减速到两八洞。

××, increase/reduce speed to 280 kn.

（3）××，减速/增速到最小/最大。

××, reduce/increase speed to minimum/maximum.

（4）××，速度正常。

××, resume normal speed.

（5）××，没有速度限制。

××, no speed restriction.

（6）××，取消速度限制。

××, cancel speed restriction.

（7）××，保持当前速度。

××, maintain present speed.

（8）××，IGNAK 前保持马赫数 0.76（含）以上。

××, Maintain mach number point 76 or greater until IGNAK.

（9）××，报告表速。

××, report speed.

（10）××，报告马赫数。

××, report mach number.

（11）××，减到最小光洁速度。

××, reduce to minimum clean speed.

（12）××，能否增速到某一速度？

××, can you increase speed/mach number to 320/0.80?

（13）××，能接受的最大速度是多少？

××, what's the maximum speed you can accept?

or ××, report the maximum speed you can accept.

（14）××，由于进港排序，尽早调速。

××, reduce speed as soon as possible for sequencing.

5. 机动盘旋

(1) ××，左转盘旋，由于间隔。

××, orbit left due separation.

(2) ××，右转航向 190 切入 B330。

××, turn right heading 190 intercept B330.

(3) ××，过点时间推迟为××，先调速，如果不行再指挥做机动。

××, adjust speed to pass IDSEG at 22, if unable, make a maneuver.

or ××, delay (put off) your estimated time over IDSEG to 22 or later, if unable, make a maneuver.

(4) ××，过点时间××，航路两侧××海里内（某水平范围内）自主机动。

××, pass RG at 32, make a maneuver at own discretion within 10 n mile both sides of the airway.

or ××, expect passing RG at 32, make a maneuver at own discretion within 10 n mile, either sides of the airway.

(5) ××，盘旋时半径不超过××海里。

××, make an orbit with radius of 10 n mile or less.

or ××, make an orbit within 10 n mile radius.

(6) ××，向某一方向机动时不超过××航路。

××, maneuver doesn't pass beyond B213.

or ××, the maneuver path shall not cross the B213.

(7) ××，预计无延误。

××, no delay expected.

(8) ××，延误时间不定。

××, delay not determined.

or ××, the delay time is uncertain (is not sure).

(9) ××，成都，减速过 ELDUD 时间在 21 分，如果不行，做一个左盘旋，并通知我。

××, Chengdu, reduce speed to pass ELDUD at 21. If unable, make a left orbit and advise.

(10) ××，直飞 02L 五边。

××, join final, runway 02L.

019

（11）××，不同意直飞，沿计划航路飞行。

××, negative, follow flight planned route.

6. 偏置程序

（1）××，右偏置5海里。

××, offset 5 n mile right of track.

（2）××，保持偏置直飞KWE。

××, direct to KWE maintaining offset.

（3）取消偏置指令。

××, cancel offset, direct to XYO.

××, cancel offset, turn left heading 330 to back on course/track.

（4）当两架偏置2海里的飞机信号快重合时，让其中一架改为偏置5海里。

××, revise/re-clear offset 5 n mile right of track, due overlap.

7. 相似航班号

（1）××，将你的呼号改为××。

CSC8804, change your call sign to CSC6206.

（2）××，恢复到飞行计划中的呼号。

××, revert to flight plan call sign.

8. 通报气象情报

（1）通报跑道视程。

HDA821, RVR of Runway 02L: touchdown 500 m, midpoint 600 m, stop end 500 m.

（2）通报本场天气。

CAL552, current weather surface wind 320 degrees, 5 kn, visibility 10 km, few clouds 500 m, QNH 1011.

其他云量的表达还有：疏云（scatter）、多云（broken）、阴天（overcast）、晴空（sky clear）。

最常用的云状：积雨云（CB, cumulonimbus），也可用 build-up 表示。

9. 通报进场程序

（1）××，沿AKDIK8J进场。

××, follow AKDIK8J arrival.

（2）××，过 AKOPI 后听进近指令。

××, after AKOPI follow instructions from approach.

（3）当 ATIS 不可用时，用话音向机组通报。

××, ATIS out of service.

（二）雷达管制服务用语

1. 雷达识别

（1）××，成都，雷达已识别。

××, Chengdu control, radar contact/identified.

（2）××，证实应答机。

××, confirm squawk.

（3）××，因为识别，右转航向 030。

××, for identification, turn right heading 030.

（4）应答机识别。

Squawk ident.

（5）××，成都，为了识别，应答机改为 1 534。

××, Chengdu control, squawk 1534 for ident.

（6）××，应答机改为 A7412。

××, reset squawk A7412.

（7）××，成都，泸州脱波报告。

××, Chengdu control, report released from Luzhou tower.

（8）关闭应答机 C 模式，显示有误。

Stop squawk CHARLIE, wrong indication.

（9）应答机预位。

Squawk standby.

（10）应答机正常。

Squawk normal.

（11）如能听到我，应答机识别。

If you read, squawk ident.

（12）因为雷达失效雷达管制服务终止。

Radar service terminated due radar failure.

2. 雷达引导

（1）××，保持航向三三洞/当前航向，因为间隔/冲突/限制区。

××, continue heading 330/present heading due (separation/traffic/restricted area).

（2）××，（左/右）转航向××，因为间隔/冲突/限制区。

××, turn left/right heading ×× due (separation/traffic/restricted area).

（3）××，恢复自主领航，直飞LAGEX。

××, resume own navigation, direct to LAGEX.

（4）立即左/右转航向180，避让冲突。

Turn left/right immediately heading 180, due traffic.

（5）过LUVEN后航向165，因为调配。

After LUVEN (fly) heading 165, due traffic.

（6）××，报告当前航向。

××, report (present) heading.

（7）××，保持当前航向。

××, continue present heading due traffic.

3. 活动通报

（1）保持高度9 500，有相对，2点方位，15海里。

Maintain 9 500 m, opposite traffic, 2 o'clock, 15 n mile.

（2）不明飞行，10点方位，20海里，从左到右，移动迅速。

Unknown traffic, 10 o'clock, 20 n mile, from left to right, fast moving.

（3）××，活动通报，相对（或顺向）活动，××点钟方位，××海里，注意观察！

××, traffic information, opposite (or same) direction traffic, ×× o'clock, ×× n mile, pay attention!

（4）飞行员：××，正在观察。

Pilot: ××, looking out.

飞行员：××，看到活动。

Pilot: ××, traffic in sight.

飞行员：××，没有看到。

Pilot: ××, negative contact.

4. 冲突解脱

（1）××，立即右转（或左转）航向（三位数），紧急避让！
××, turn right (or left) immediately heading (three digits) to avoid traffic!
（2）××，立即右转（或左转）（数值）度，紧急避让！
××, turn right (or left) (number of degrees) degrees immediately to avoid traffic!
（3）××，立即停止上升/下降，有冲突！
××, stop climb/descent immediately due traffic!
（4）冲突解除，恢复自主导航直飞 ESPEG。
Clear of traffic, resume own navigation, direct to ESPEG.
（5）××，立即上升/下降到××米保持，有冲突！
××, descend/climb and maintain ×× m immediately due traffic!
（6）飞行员：成都，××，无法执行管制指令，由于 RA。
Pilot: Chengdu control, ××, unable, TCAS resolution advisory (RA).
（7）飞行员：成都，（呼号）TCAS 上升/下降。
Pilot: Chengdu control, (call sign) TCAS climb/descent.

（三）其他用语

1. RVSM（缩小最低垂直间隔）通话用语

1）管制员通话部分

（1）××，证实 RVSM 运行已获准。
××, confirm RVSM approved.
（2）××，恢复 RVSM 时报告。
××, report able to resume RVSM.
（3）××，证实能够恢复 RVSM。
××, confirm able to resume RVSM.
（4）××，不能发布进入 RVSM 空域的管制许可，保持/上升/下降到（高度层）。
××, unable issue clearance into RVSM airspace, maintain/climb/descend to (level).
or ××, it's not approved to enter the RVSM airspace, maintain/climb/descend to (level).
（5）按照中国 RVSM 高度表转换高度。
Convert altitude with China RVSM flight level chart.

or Convert the altitude-setting according to the CAAC published comparison RVSM flight level chart.

2）飞行员通话部分

（1）××，未获得RVSM。

Negative RVSM, ××.

（2）××，未获得RVSM，国家航空器。

Negative RVSM, state aircraft, ××.

（3）××，已获得RVSM。

Affirm RVSM, ××.

（4）××，（由于某种原因），不能保持RVSM。

Unable RVSM due (reasons), ××.

（5）××，准备恢复RVSM。

Chengdu, ××, ready to resume RVSM.

2. GPS通话用语

（1）管制员在接到航空器报告GNSS（GPS）失效时，若机组未阐明失效原因，应首先向机组询问航空器GNSS（GPS）失效的原因是机载接收装置故障，还是该区域GNSS（GPS）信号质量不佳。

飞行员：由于（失去RAIM或RAIM告警等原因），不能使用基本的GNSS（GPS）。

Pilot: Basic GNSS (GPS) unavailable DUE TO (reason e.g. LOSS OF RAIM or RAIM ALERT).

管制员：报告GNSS（GPS）失效的原因。

Controller: Report the reason for your GNSS (GPS) malfunction (out of work).

飞行员：由于信号干扰（机载GPS接收器故障）不能使用基本的GNSS（GPS）。

Pilot: Basic GNSS (GPS) unavailable DUE TO INTERFERENCE (GPS receiver on board malfunction).

（2）询问机组航空器PBN（基于性能导航）导航性能。

管制员：证实RNP1（RNAV2）可用。

Controller: Confirm RNP1(RNAV2) available.

飞行员：因为GNSS（GPS）失效不符合RNP1（RNAV2）。

Pilot: Unable RNP1(RNAV2) due to GNSS(GPS) unavailable.

管制员：能够恢复 RNP1（RNAV2）时报告。

Controller: Report able to resume RNP1 (RNAV2).

飞行员：RNP1（RNAV2）恢复可用。

Pilot: RNP1 (RNAV2) resume normal.

（3）向空中航空器进行机载 GPS 信号干扰情况通报。

管制员：全体注意，收到报告称崇州 VOR 东侧 30 公里处（由于干扰）GNSS（GPS）信号不可靠。

Controller: All station attention, GNSS (GPS) reported unreliable (due to interference) in the area 30 km east of CZH VOR.

02

第二章

通话技巧

一、指令严密性

（一）要点阐述

（1）管制指令应该准确严谨，尤其对于带有高度、航向等航行诸元的重要指令，一定不能有模棱两可的情况出现，需要准确无歧义，避免机组对指令产生理解偏差。

（2）指令完整是管制员发布指令的必要准则。空中情况瞬息万变，飞机众多，干扰因素众多，不完整的指令会导致其他机组误领指令或机组误解指令等不利后果。

（3）管制指令当中，不免会因为地空沟通需求，发布一些询问性指令，但如果管制员用语不准确或发出诱导性指令，会给机组不必要的心理预期，导致地空误解的产生。在发布询问性指令时，应当加强询问语气，重音放在"证实""能否"等表示询问的重点词上，并且在询问指令后，如果不能立即给机组进一步管制指令，应当加入保持当前状态的明确指令。

（4）管制指令前后逻辑必须连贯一致，不能出现指令中各要素相互矛盾的情况。多条管制指令之间也应保持相同的目标逻辑，以便机组更好地领会管制员的意图。如果前后指令存在目的相反的情况，一定要用"更正""重新许可"等词语，让机组明白管制员意图的变化。

（二）常见问题及分析

（1）指令不明确（"稍等""同意""收到"等词语使用随意）。
（2）指令不完整（第二次回复不带航班号）。
（3）逻辑矛盾（更改意图不加"更正"）。

（三）实例详解

1. 样例一

1）情景

管制员：CCA4305，下到8 400保持。
飞行员：下到8 400保持，S0920可用吗？我申请S0920，CCA4305。

管制员：CCA4305，稍等，需要协调。

2）说明

管制员发布了高度指令，机组复诵后申请其他高度，而该申请需要先进行电话协调。此时管制员仅仅回复"稍等，需要协调"，用语模糊，未对之前的高度指令给出明确指示。

3）分析

管制员的回复没有构成一句完整的指令，此时应加上明确的高度指令。

4）建议示例

管制员：CCA4305，稍等，先保持S1040，需要协调。

2. 样例二

1）情景

管制员：CCA4354，直飞IDEPO，上到S1010保持。

飞行员：上到S1010，证实飞IDEPO？CCA4354。

管制员：正确，飞IDEPO。

2）说明

管制员向机组发布指令后，机组经常会有证实的情况，管制员仅仅回复"正确"，并未加上航班号，指令不完整。

3）分析

虽然为连续发布指令，但在此过程中，并不能排除空中有其他不确定因素或者其他航空器的干扰。无线电陆空通话采用半双工传输方式，在出现干扰时，管制员并不一定能及时发现，不加航班号的指令，容易出现其他机组误领指令的情况。同样，当航空器复诵时不加航班号，也应当立即予以证实与纠正。

4）建议示例

管制员：CCA4354，正确，飞IDEPO。

3. 样例三

1）情景

管制员：CXA8611，证实高度S1070能否接受？

飞行员：S1070可以接受，CXA8611。

管制员：CXA8611收到了，预计KAGRA之后上升。

2）说明

管制员在此案例中，通过询问机组，给飞行员一个上高度的心理预期和预计上升时刻，但又并未对当前的高度动态做出明确指令，存在诱导风险。

3）分析

管制员不严谨的用语，容易给飞行员造成一个已经同意在KAGRA之后上升的假象，可能导致机组在KAGRA之后自行上升高度。管制员在发布条件性指令时，应当避免指令当中的诱导话语，要对当前以及后续的动态给出明确指示。

4）建议示例

管制员：CXA8611，收到，保持当前高度，预计KAGRA之后听通知。

4. 样例四

1）情景

管制员：CCA8244，下到8 900保持。

飞行员：下8 900，CCA8244。

（前方突然要求CCA8244保持9 500出区域）

管制员：CCA8244，保持高度。

飞行员：证实保持8 900，CCA8244？

管制员：CCA8244，保持9 500。

飞行员：我现在已经下了200英尺了，证实我现在保持9 500？CCA8244。

管制员：CCA8244，正确，前方要求，保持9 500出区域。

飞行员：收到，保持9 500，CCA8244。

2）说明

此案例中，管制员前面的下高度指令，与后续的保持高度指令相互矛盾，中间应该增加"更正指令"等用语，以确保机组能够理解管制员当前指令的用意。另外，管制员在机组已经改变高度的情况下，用语过于随意，容易造成机组突破管制指令。

3）分析

管制员在更改管制指令时，如果不使用"更正"等词语，容易让机组误解管制指令。如果遇到严谨的机组会主动证实，最终还是能接收到正确的管制指令，但会延误指令的执行时间；如果遇到不严谨的机组，那么机组可能会直接执行错误的管制指令。另外，对于已经改变高度的航空器，需要更改高度指令时，应该首先让机组"停止下降/上升"，然后再给机组重新许可一个高度，这样属于重新发布高度指令，能够避免机组突破高度指令的情况发生。

4）建议示例

管制员：CCA8244，立即停止下降。

飞行员：停止下降，CCA8244。

管制员：CCA8244，更正指令，现在上到9 500保持，前方要求。

飞行员：收到，上回9 500保持，CCA8244。

二、指令合理性

（一）要点阐述

（1）避免指令过于烦冗复杂。管制员在繁忙时段，往往为了提高效率而减少指令数量，但有时会因为安排不合理，为了减少数量而过度地增加指令内容，反而导致机组抄收困难。

（2）减少不必要的指令。服务意识是管制工作中需要体现和强调的，但如果过分强调服务意识，会导致指令的合理性降低且指令更为烦琐，而导致波道拥挤。

（3）指令的优先级。在繁忙时段，尤其是雷雨绕飞和有紧急情况的时候，常常会出现多个机组同时有通话需求的情况。如何去分辨指令的优先级，把控整体节奏，让局面掌控在自己手中，是管制员的必备技能。

（4）指令应符合机型性能。管制员应该对机型性能有足够的了解，发布符合机型性能的管制指令，能确保机组顺利地执行指令；发布不满足机型性能的指令，会造成机组的质疑，既占用波道资源又显得不够专业。

（二）常见问题及分析

（1）指令内容不够合理。多个重要指令集中在一条指令里面发布，导致机组抄收有难度；一条指令里包含多个航行诸元，产生误听风险。

（2）密集发布指令。指令太琐碎，发指令频率高，机组复诵频率也高，人为导致波道繁忙。

（3）指令与机型性能不符。大下降率与小速度同时发布，发布不符合机型性能的高度或者速度要求等。

（4）指令优先级不当。发话顺序不合理，重要的指令应该先发，不重要的稍后发布，避免造成波道秩序混乱。

（三）实例详解

1. 样例一

1）情景

管制员：CCA4321，由于前方高度限制，现在下到 8 900 保持，另外由于其他空域用户活动，前方要求右转航向 090，预计切过 ZHJ，后续归航听前方指挥。

2）说明

此案例中，管制员在一句指令里面同时发布了高度、航向指令，另外还包含了一个不明确的归航指令。一是容易造成机组对关键的高度和航向信息抄收不完整，可能造成机组反复证实的情况，更严重的是可能导致机组错误理解和执行指令；二是指令不够明确，机组无法第一时间执行指令，反复证实导致波道负荷加大。

3）分析

在需要对同一航空器发布包含多个信息的指令时，对于重要的内容（尤其是高度指令），管制员应单独发布。如果确实需要在一句指令里面发布多个信息，应将最关键的指令放在后面，以"高度、航向、速度"三项内容为例，最佳的顺序应当是"速度、航向、高度"，这样有利于机组准确记录最关键的高度指令。一句管制指令中，不建议同时出现超过两项航行诸元。

4）建议示例

管制员：CCA4321，下到 8 900 保持，由于高度限制。

飞行员：下 8 900，CCA4321。

管制员：CCA4321，由于前方其他空域用户活动，右转航向 090，归航听前方指挥。

飞行员：收到，右转航向 090，CCA4321。

2. 样例二

1）情景

飞行员：CSN3671，当前高度层有颠簸，申请上高度。

管制员：CSN3671，申请多高？

飞行员：申请高度 9 800，CSN3671。

管制员：CSN3671，9 800 不可用。

飞行员：那 S1040 呢？

管制员：CSN3671，S1040 前方不接受，只有 S1100 可用。

飞行员：上不去，9 200 颠簸，有没有其他高度可用？

管制员：CSN3671，上不去就只有低高度。

飞行员：8 400 吗？

管制员：CSN3671，低高度只有 S0780 可用。

飞行员：可以，申请下高度，CSN3671。

管制员：CSN3671，收到，稍等，需要协调。

2）说明

管制员有时候会过分强调服务意识，为避免指令生硬，对于机组提出的要求，会给予机组过多的选择空间，但是又因为自身的空域条件而无法满足机组的要求，造成来回反复地通话。

3）分析

管制工作还是以安全高效为主，当条件有限时，最好一次性把可以满足机组需求的方案明确提出，再由机组自行选择。这样不仅体现了服务意识，也能满足空域需求，同时指令简洁高效，降低了通话负荷。

4）建议示例

管制员：CSN3671，高高度只有S1100可用，证实能否接受？
飞行员：S1100太高了，上不去，有没有其他高度？CSN3671。
管制员：CSN3671，低高度只有S0780可用。
飞行员：S0780可以，申请下S0780，CSN3671。
管制员：CSN3671，收到，先保持S0920，需要协调。

3. 样例三

1）情景

管制员：CES5231，下8 900保持，下降率大于2 000，调速0.70，由于间隔。
飞行员：下降率2 000最小能保持0.72，我是先下高度还是先调速？CES5231。

2）说明

小速度大下降率，不符合机型性能，机组无法顺利执行。

3）分析

如果需要机组执行大下降率和小速度，应考虑优先满足哪个条件。发布指令时，明确需要优先满足的指令，再发布另外一个指令，便于机组理解和操作。

4）建议示例

管制员：CES5231，下到8 900保持，下降率大于2 000，保持高度后，调速到0.70，由于间隔。

（四）指令优先级的一般原则

优先级：紧急情况指令＞其他一切指令；纠正性指令＞发布新指令；需求型申请＞询问型申请；初始联系指令＞脱波指令；先联系先申请指令＞后联系后申请指令。

说明：

（1）对于需要紧急避让的指令，应优先于其他一切指令，避免紧急情况进一步恶化。

（2）纠正性指令的优先级高于发布新指令。在发现自己或机组出现错误时，应第一时间纠正，不能发布几个其他指令后再回过头来纠正错误，这样可能导致纠正时机过晚而产生冲突，甚至出现航班已离开波道无法纠正的情况。

（3）需求型申请的回复，优先级应当高于询问型申请的回复。机组在有需求时，往往希望管制员能第一时间反馈自己，如需求得不到满足，机组会不停地占用波道，直至需求得到回应，此过程会严重影响波道节奏，同时也不利于机组的情绪控制。而对于询问型申请，机组只是想了解某一信息，紧迫性不强，且通常回复询问型申请所占用的波道时长较长，尽量选在相对空闲的时间发布。

（4）对于初始联系的航班，应当尽早完成雷达识别，一是便于后续提供雷达管制服务；二是初始联系得不到回应，机组可能频繁地重复、呼叫造成波道拥堵；三是避免机组因长时间未得到回应而转频离开，造成通信不畅。相较于初始联系，脱波指令的紧急程度并没有那么高，但值得注意的是，脱波指令应尽可能单独发布，确保机组正确抄收。

（5）陆空通信波道中一般按照先来后到的顺序提供服务，在紧急程度差别不大的情况下，应该按照先申请先回复的顺序来提供管制服务，避免不公正对待造成机组不满。

三、语音语速语调

（一）要点阐述

1. 语音

管制员发话时应保证口齿清楚，无特殊口音。音量适中，且应保持稳定的音量，确保机组能接收到清晰的指令。对需要突出的关键字眼或词语，要有重读区分。

2. 语速

管制员语速过快时，会大大增加飞行员复诵错误或要求重复指令的概率。管制员在流量较大时会不自觉地加快语速，此时应关注机组接收和复诵指令的情况。如果出现多个机组无法一次性正确接收指令的情况，那么应该停止加快语速，转而通过提高指令的简洁性和有效性来掌控波道节奏。在发布指令时，对于关键数据如高度、航向、频率等，应略微降低语速，确保关键数据能被正确接收。

3. 语调

管制指令多为祈使句，整个语句应该使用降调，包括证实类指令。对于询问类指令，一般使用疑问句，应该使用升调。为突出管制指令中的关键信息，整个指令在满足总体升调或降调的同时，要有一定程度的抑扬顿挫。使用英文通话时，需特别注意疑问句和祈使句的差别，外籍机组有可能通过语调来判断管制员的意图。

4. 停顿的使用

在发布一条包含多项内容的指令时，应当合理使用停顿，以确保机组正确地抄收管制指令。但需注意，停顿的时间不宜过长，否则机组可能会在指令未发完的情况下就开始复诵，影响后续指令的抄收。

5. 相似航班号处置

当区域内出现相似航班号时，通常是在机组初始联系时给予提醒，此举能帮助飞行员建立相应的情景意识，同时，在自动化系统中加入相似航班号告警或在标牌中进行标注也可强化管制员的情景意识。在发布指令时，应重读航班号的差异部分以示区分，必要时，可在指令中加入其他要素（如目的地、当前高度等）。若区域范围广，且长时间未与机组通话，管制员容易遗忘相似航班号的存在，因此在较长时间未通话或发布重要指令时，建议先将航空器呼叫出来再发布指令。尽量避免连续给两个相似航班发布管制指令，如确需发布，应当确保指令间隔足够大，可以使用"break break"作为提醒。

四、空地配合度

（一）要点阐述

1. 明确指令执行限制

在指令中加上限制条件，如"立即""马赫数不大于0.75""上升率不小于××"等，可以提升机组对该指令的重视程度。有了明确的执行限制，机组执行起来也有了参照标准，管制员监控指令执行情况时也更加有的放矢。

2. 明确指挥意图

指令中加上原因或下一步指挥意图，可以帮助机组更好地理解管制员的预案，一来可以消除机组的疑虑，二来便于机组预先为下一步指令做好响应准备。

3. 用好活动通报

做好空中交通活动通报，帮助机组建立情景意识，可以有效地提升空地配合度，缩短机组响应管制指令的时间。

（二）常见问题分析

1. 有始无终

机组申请或询问时，管制员回复"稍等"，然后直至机组离开该波道，也未向机组回复解释。当机组对指令有怀疑时，解释是否合理到位，是否给机组有效反馈，对于机组的询问和请求是否有问必答，都是管制员服务质量和专业程度的重要衡量指标。

2. 给机组错误预期

有些机组的申请或要求无法在当前扇区满足，管制员有时并不清楚前方的情况却告诉机组"过了××点可以××（满足机组需求）"，给了机组错误的预期。而当机组到达前方××点时，却被告知需求不能被满足，会使机组感觉受欺骗，产生负面情绪。管制员在无法满足机组申请时，建议使用"过

××点后向前方申请"或"听下一管制区指挥"等指令，不建议替前方管制单位做承诺。

3. 不重视机组意图

机组表明意图后，管制员制订预案仍然不考虑机组的需求，或者仅仅回复"稍等"，搁置机组意图，有可能导致预案执行时，机组反复抱怨甚至拒不执行。

4. 波道中争论

遇到机组对管制服务"有意见"时，管制员要控制好自己的情绪，注意语气用词，可做必要解释，但应避免在波道内争论；如果机组仍有意见，可告知其"如有问题落地后再沟通，现在先听我指挥"。

5. 缺少沟通

在条件允许的情况下，尽量将指挥意图告知机组，增强机组的情景意识。制订预案时，主动了解机组需求，统筹安排，做出最佳筹划。由于各种原因无法满足机组需求时，应简明扼要地说清原因，理由要充分，态度要诚恳，语气要委婉，以取得机组的理解和配合。

（三）实例详解

1. 样例一

1）情景

飞行员：成都，CES5431，我这个高度层有点颠簸，想问下高高度颠不颠啊？

管制员：CSN3261，S1010天气怎么样？

飞行员：现在不颠，CSN3261。

（此时管制员便不再发话了）

飞行员：呃……成都，CES5431，那我申请上S1010。

管制员：CES5431，上到S1010保持。

2）说明

此案例中，机组希望从管制员处得到一些有用的气象情报，管制员简单地询问了空中其他机组的情况后，主观地认为机组能听到其他机组的回复，便不再做其他回应。

3）分析

无论机组是否能听到波道内其他机组的回答，对于询问性指令，管制员都应该给予机组一个准确的回复，任何对话都应该有始有终。

4）建议示例

管制员：CSN3261，S1010天气怎么样？

飞行员：现在不颠，CSN3261。

管制员：CSN3261，收到了，谢谢。CES5431，前机报告S1010目前不颠。

飞行员：收到，CES5431，我申请上S1010。

管制员：CES5431，上到S1010保持。

2. 样　例

1）情景

管制员：CXA8466，由于前方天气，雷达引导航向170。

飞行员：CXA8466，我现在飞不了170，我看当前航路是可以的，航向170那块有天气。

管制员：CXA8466，前方有限制区，一会儿就绕不过去了。

飞行员：那我申请航向155吧，CXA8466。

管制员：CXA8466，航向155只能飞90公里。

飞行员：那我再往前飞5海里之后再飞航向170吧，CXA8466。

（管制员未再回复）

飞行员：CXA8466，那我5海里之后就飞航向170了？

管制员：CXA8466，对的。

飞行员：收到，CXA8466，我现在可以飞航向170了。

2）说明

在此案例中，管制员先是没有将解释工作做到位，随后又自认为飞行员已经理解管制意图，不予理会机组的回复。

3）分析

在管制工作中，常常因为绕飞天气时空域受限，需要对机组进行雷达引导提前避开。但为什么进行雷达引导，主要原因是什么，预计飞多久？如果没有给机组建立一个很好的情景意识，是很难让机组马上服从管制指令的。另外，对于航行诸元的改变，需要管制员给出一个明确的管制指令，不能因为飞行员了解管制意图，就忽略管制指令的发布。

4）建议示例

管制员：CXA8466，由于前方天气和限制区，现在雷达引导航向 170，从西侧绕飞，预计保持航向 170 切过 IDEPO。

飞行员：我现在右侧有天气，只能飞航向 155，CXA8466。

管制员：CXA8466，航向 155 只能飞 90 公里，就要继续右转，前方有限制区，代号 ZP(R)425。

飞行员：那我再往前飞 5 海里之后再航向 170，CXA8466.

管制员：CXA8466，同意，能右转报。

飞行员：CXA8466，现在可以右转飞航向 170 了。

管制员：CXA8466，收到，可以飞航向 170。

五、共情意识

（一）要点阐述

（1）管制员不仅要指挥好管制下的航空器，还要从飞行员和周边单位的角度出发，理解对方处境需求，结合自身做出合理回应，提供优质的管制服务，保证与机组和周边单位顺畅、高效、准确地沟通。

（2）共情指理解他人特有的经历，并相应地做出回应的能力。反共情指个体产生与观察对象情绪相反的情绪反应。共情与反共情在我们工作中随时都在发生，甚至随时在转换。

（3）语音语调在陆空通话中会传导情绪，引起共情或反共情。除此之外，帮助机组搭建空中情景意识也可以提高地空共情水平。

（4）共情水平高有双面性，一方面使管制员更加了解机组与周边的需求，从而更好地进行管制服务与沟通协调；另一方面也会使管制员被机组或者周边单位的情绪所感染。不管正面还是负面的情绪都会影响管制员的客观判断而增大安全风险。

（5）雷雨绕飞是管制工作中最需要共情意识的场景之一。共情意识强的管制员总是能设身处地地了解飞行员的需求，为飞行员提供有效的天气情报和绕飞建议；而共情意识强的飞行员则能根据波道繁忙程度，选择合适的通话时机和申请内容，确保整个波道顺畅、有序、高效。

（6）五官"地空"共情法。眼，把握空中局势；耳，了解机组需求；口，高效指挥建立地空纽带；鼻，深呼吸放松情绪，保持理智；心，用心去感受对方处境，更好地服务机组。

（二）常见问题及分析

（1）管制员使用简单词句拒绝机组的需求，导致机组产生抵触情绪，在后续调配中机组不完全服从调配，例如不配合水平垂直速率调整、不想上下高度、拒绝机动等。这里有两点需要注意，其一是单词所包含的语音语调信息较少，使用"不行""不同意""negative"等简单语句拒绝机组的申请时，机组无法获取被拒绝的原因，只能从主观角度出发思考被拒绝的原因，加上管制员与机组信息不对等，容易导致认知偏差。其二是没有帮助机组搭建大局情景意识，比如告知管制意图、说明改变航行诸元的原因、活动通报等。

（2）与外区因为流控、沟通不畅、对方临时提出难以满足的需求等原因导致助理席与对方发生争执。首先要明确争执不能解决任何问题，反而会导致认知下降，失去对管制席和对空中态势的监控，而主动地沟通协调可以避免大部分分歧。发生分歧时，要清楚对方这样主张的原因，然后通过各种手段提高共情水平，建立同是"管制员"的群体认同，管制员的天职就是保障航空安全，再拿出相对合理的解决方案。如果对方依旧坚持主张，则控制情绪，交由带班主任处理，如果因为对方提出难以满足的要求导致自身情绪激动必定得不偿失。

（3）共情水平高的管制员容易被机组影响情绪，导致认知下降，出现判断失误。控制情绪、保持理智是关键。理解情绪的产生，了解对方的诉求，清楚自己的处境，再做判断。相对地，机组在遭遇紧急情况时，管制员沉稳清晰的指令可以在一定程度上帮助机组消除紧张情绪。在发生需要机组配合的紧急情况时，管制员急切的语气语调也有助于机组提高配合度。

（4）复杂天气情况下，管制员和飞行员对天气情况、空中态势常存在信息不对等情况，导致空中局面被动。在这种情况下，管制员要主动向航空器通报天气情况和空中态势，让飞行员明白空中局势、理解管制预案，同时掌握机组的需求并让机组清楚管制员已了解其需求，让机组心平气和地听从指挥，从而实现顺畅、主动的管制指挥。

（5）机组反复申请却未得到管制员进一步支持。一方面是因为管制员没有建立共同情景意识，不清楚机组当时所处的环境和所需要的帮助；另一方面是飞行员一味重复强调自身情况，却没有明确说明需要管制员提供何种帮助。

（三）实例详解

1. 样例一

1）情景

空军转场，航空器需要下到低高度。

管制员：BOX512, descend and maintain 8 100 m due restriction.

飞行员：Negative negative, we have to maintain this level due fuel.

管制员：BOX512, negative, you have to descend to 8 100 m due military flight.

飞行员：We can't reach our destination if we descend to 8 100 m for cursing.

管制员：BOX512…

2）说明

管制员发布了高度指令并简单表明因为"限制"，机组因为油量原因拒绝下降，管制员再次发布高度指令并具体说明是因为空军航空器，但机组表示如果下到低高度将无法到达目的地。

3）分析

管制员没有告知机组限制区的范围、时间、原因以及机组需要保持低高度多久，双方信息不对等。机组误认为后续航段都需要保持 8 100 米飞行，拒绝高度改变。管制员应该提前告知管制意图，帮助机组理解飞行轨迹，精确计算油量。特别对于长航段的航空器更应如此。

4）建议示例

管制员：BOX512, restricted area 50 n mile ahead of you, descend and maintain 8 100 m to avoid, expect maintain this level for 10 min, 10 100 m is ready for you after ZYG, request higher after ZYG.

2. 样例二

1）情景

飞行员（声音非常颤抖）：成都，CSC8501，8 900 中度以上的晴空颠簸，申请上高度。

管制员：CSC8501，嗯，可以上……不行，有相对活动，下到 8 100 保持。

飞行员：证实是下 8 100，CSC8501。

管制员：CSC8501，正确，下到 8 100 保持。

飞行员：下到 8 100 保持，相对 TCAS 看到了，CSC8501。

2）说明

机组用非常颤抖的语气申请上高度，管制员发送的指令模糊不清，机组证实后，管制员发送正确指令。

3）分析

由于机组声音颤抖，管制员一下进入高共情状态，情绪被机组影响，变得非常紧张，导致认知能力降低，差点发送冲突指令。正确的应对方法是立即调整情绪，保持理智，判断清楚冲突后，再发送指令，如果不能及时判断也应该回复机组"稍等"，而不是没有经过思考就发送指令。

4）建议示例

管制员：CSC8501，稍等。

管制员：CSC8501，前方有高高度相对，只能下高度。

3. 样例三

1）情景

（区内小面积雷雨绕飞）

飞行员：成都，由于天气申请航向340，CCA4481。

管制员：CCA4481，不同意。

飞行员：成都，我只需要左偏5海里，右侧有点过不去，CCA4481。

管制员：CCA4481，左侧有活动，往右侧。

飞行员：右偏需要50海里，CCA4481。

管制员：CCA4481，右偏50海里同意。

飞行员：右偏50海里，CCA4481。

…………

管制员：CCA4481，减速250。

飞行员：做不到，因为颠簸，CCA4481。

管制员：CCA4481收到，右转航迹060，由于九寨落地间隔。

飞行员：我右侧有天气，转不了，CCA4481。

2）说明

机组因为天气申请左偏，管制员拒绝，没有告知原因，机组再次申请左偏。管制员告知原因后，机组申请右偏，但偏航距离很大。后续管制员指挥机组调速、机动，均被机组以天气原因为由拒绝执行。

3）分析

这是一个因管制员信息通报不到位引起机组反共情的例子。在雷雨绕飞的情况下，管制员应该把限制区、推荐的绕飞路线、空中情况等信息提前告知机组，提高地空共情水平，让机组提前做好准备，共同面对天气、限制区和复杂空中情况带来的挑战。等到机组申请绕飞的时候，管制员已经处于被动局面了。

管制员在拒绝机组请求时，没有及时告知原因，用词简单，导致机组不知道被拒绝的原因，也无法建立地空共情关系。加上最终往远的一侧绕飞，使机组产生反共情情绪，拒绝配合管制指挥。这种情况下应该避免建立"我是管制员，你是飞行员，你必须都听我的"的对立关系，相反，要与机组达成同是"民航人"的群体认同，赢取机组的理解配合。毕竟，安全地把旅客送到目的地是管制员与飞行员的共同目标。

4）建议示例

管制员：CCA4481，前方有九寨落地航班，你绕飞后不满足九寨落地间隔要求，需要你在P142前延误5分钟，你看往哪边机动比较方便？

4. 样例四

1）情景

（大面积绕飞）

管制员：CCA1405，预计引导你经GAO从P40进西安区域，由于AGULU附近的危险天气。

飞行员：这样绕得太远了吧，我申请从左侧绕飞，CCA1405。

管制员：CCA1405，左侧过不去。

飞行员：我看左侧可以啊，大概偏个15海里就过去了，CCA1405。

管制员：CCA1405，左侧有双流连续进港的，一会听我指挥了。

飞行员：我还是申请左侧吧，右侧太远了，CCA1405。

2）说明

大面积雷雨绕飞天气下，管制员主动引导航空器绕飞天气，在机组提出质疑后，没有做进一步的解释，只是一味地想让机组听指挥，表现出"权威感"，这样容易使机组误解，不但无法有效地落实指令，而且来回的通话增加了管制负荷。

3）分析

天气是管制员与机组共同的挑战，安全是管制员与机组共同的目标。从P40绕飞看起来比较远，但实际距离没有增加。在制订好绕飞预案后，管制员应该提前把管制意图告知机组，并从空中局势和机组需求出发，做好解释，以赢取机组认同，这样能提升地空共情水平，方便后续有序指挥。

4）建议示例

管制员：CCA1405，左侧有双流连续进港穿越，预计引导你经GAO从P40出区域，这样绕飞与原实际飞行距离基本一致，且能实现分流，提高安全和效率。

5. 样例五

1）情景

飞行员：We are depressurized.

管制员：State the nature of the emergency.

飞行员：We are depressurized.

管制员：When able, state the nature of the emergency.

飞行员：We are depressurized.

（联系进近）

飞行员：Hey Portland Approach, Alaska ××, emergency aircraft...

管制员：Did you declare an emergency or just need to return to...

飞行员：Yes, we are an emergency, we are depressurized...

管制员：Just say again your fuel and passengers aboard. I kid you not. This actually happened.

2）说明

机组空中遭遇窗户破裂，向管制员请求帮助。管制员一直没有搞清楚机组当时的情况，并没有及时给予支持。

3）分析

机组向区域管制员说了三遍"我们失压了"，管制员只是向机组证实是否宣布特情、了解特情的具体情况，没有发布下降许可等能够支持机组特情处置的指令。主要原因是机组未明确说明情况和需求，管制员也没有设身处地去考虑机组的境遇，空地情景意识较差。

4）建议示例

管制员：Roger depressurized, cleared descend to 3 000 m, and the minimum safe altitude is 2350 m, traffic on your 11 o'clock, 12 km, A332, same direction, take caution.

六、指代明确

（一）要点阐述

1. 使用标准通话减少歧义

陆空通话包含标准用语和明语两部分，其中标准用语有明确的使用规范，具有无歧义、无代词、清晰、明确的特点。明语是在标准用语未涵盖的情况下使用的，受使用者的口语习惯、表达能力、所处情景等影响，可能会指代不明，产生歧义，进而影响飞行安全。

2. 易出错部分

在使用代词、形容词、副词等主观性较强的词句时，可能会因理解偏差而造成指代不明，这些词句从传达者的表达到接收方的理解是一个动态过程，影响因素有很多，如双方的性格、教育背景、表达能力等。其中代词尤其容易产生歧义，甚至可能因为重读语句中的不同部分而表达出多种含义。

3. 防错建议

管制员要提高管制指令明语表达和信息传递的准确性。第一，要建立条件反射，戴上耳机后所说的每句话都关系着安全；第二，要区分工作和生活，摆脱说话习惯和口头禅的影响；第三，要换位思考，设想如果自己是接收信息的一方，能否正确理解对方传递的信息；第四，使用标准陆空通话用语，明语也尽量参照标准陆空通话用语。

4. 特殊情况

遇到紧急情况，建议助理席在管制席雷达屏幕上直接指明具体航空器，说出要点，避免因为表述不清、指代不明错过最佳处置时机。

（二）常见问题及分析

1. 说话习惯转换不到位

管制员对空指挥时，一次仅对一个航空器（或航空器群体）发布指令，实质上管制员的指令会被多个机组守听，但只由指定的机组复诵并执行。如果没有彻底区分对空指挥与日常口语的对话情景，很容易被日常口语影响，不加说话对象，从而导致指代不明。

2. 对表示程度的词语认知不一致

在使用与具体程度有关的形容词、副词时，要考虑这些词句的主观性，不要忽略了公司规定、机组操作特性、地空理解偏差、空中实际情况等客观因素，以免出现机组实际操作与管制员预案不符合甚至背道而驰的被动局面。

3. 代词的滥用是指代不明的重要因素

工作中主要使用的有指示代词与人称代词，均可能因为语境、认知偏差、视角不同等原因产生严重后果。但有些时候我们也需要使用代词来提高沟通效率，因此在使用的时候，一定要时刻思考是否会由于使用不当而让对方产生误解。

4. 默契更容易出现指代误解

管制席与助理席沟通交流时，存在严重的先入为主、"想当然"的现象。一是管制席与助理席相互之间长期共事，彼此熟悉了解，很多时候助理席还没表述完，管制席就已经理解了助理席的意思；二是两者在岗位上面临相同的局面，有很高的共情水平，而且面对问题时也具有相同立场。这种默契配合提升了工作效率，但也存在出现指代不一致的风险和纰漏，有时双方都认为对方表达清楚了，而自己理解的情况可能恰恰相反。

（三）实例详解

1. 样例一

1）情景

多个飞行员同时发话：……（严重的波道干扰声）

管制员：干扰了，哪位在叫成都？

多个飞行员又同时发话：……（严重的波道干扰声）

管制员：干扰了，一个一个来。

多个飞行员再次同时发话：……（严重的波道干扰声）

2）说明

多个飞行员同时发话，管制员要求重复但没有指明具体航班号，于是多个飞行员又同时发话，再次造成波道干扰。

3）分析

这是一个典型的使用日常口语交流习惯，或使用打电话的方式来对空指挥的例子。潜意识里管制员认为自己在跟单个机组交流，从管制员视角看，这样回复好像并没有什么问题，但从机组角度来看，管制员没有听清，要求再呼叫一次却没有指明航班号，那么刚才呼叫的机组肯定都会重新发送一遍。由于甚高频通信采用的半双工制方式，在多个机组同时发话时，发话的机组是听不到波道干扰声的。正确的做法是根据没有被干扰的信息推断出可能呼叫的航空器，给出一定的限制条件，尽量指明具体的航空器，再发送相关指令。

4）建议示例

管制员：证实刚才是CCA4401在叫成都？

管制员：请问刚才申请上高度9 800的是哪位？

2. 样例二

1）情景

管制员：LKE9688，成都，雷达已识别，飞大速度，进港排序。

飞行员：飞大速度，LKE9688。

…………

管制员：LKE9688证实表速。

飞行员：表速280，LKE9688。

2）说明

多机进港排序，管制员指挥其中一架航班"飞大速度"，机组复诵正确，但其实际速度并没有达到管制员想要的效果，随后管制员向机组证实速度，机组回复"表速280"。

3）分析

不同公司对飞行速度有不同要求，管制员指示的大速度与机组理解的大速度存在一定偏差，导致管制预案执行不畅、收效甚微。此时我们应该明确具体表速，方便机组执行指令。

4）建议示例

管制员：LKE9688，表速 300 以上，进港排序，你是第一个，后面有 5 架跟进。

3. 样例三

1）情景

成都助理席：重庆，成都，麻烦指挥前面两架成都落地的飞机直飞 EKOKA。
重庆助理席：好的，证实是 CCA4501 和 CES2537 直飞 EKOKA？
成都助理席：不对，是 CES2537 和 CDC8805 直飞 EKOKA。
重庆助理席：你不是说前面两架吗？
成都助理席：不好意思，CCA4501 是黑标牌，没看到。

2）说明

成都助理席要求重庆指挥两架双流落地航班直飞走廊口，但未说明具体航班号。重庆助理席确认具体航班时，发现与成都所说的航班不一致，成都助理席这才发现有一个航班是黑标牌没看到。

3）分析

这是一个因为成都、重庆两个管制单位情景不一致，且成都助理席使用的代词模糊而造成指代不明的例子。"前面两架成都落地的飞机"在成都和重庆看来所指代的航空器是不同的，一是没有明确"前面"的具体位置界限，二是双方各自通过自动化系统观察到的情况是不一样的。在与外区协调时，一定要指明具体的航班号。

4）建议示例

成都助理席：重庆，成都，麻烦指挥 CES2537 和 CDC8805 直飞 EKOKA。

4. 样例四

1）情景

管制员：CSC8635，航迹 270。
飞行员：航迹 270，CSC8635。
（机组右转）
管制员：CSC8635，立即左转航迹 270，左转，停止上升保持 7 200，有相对活动。

飞行员：左转航迹 270，停止上升保持 7 200，CSC8635。

管制员：CCA4231，立即……

2）说明

管制员指挥机组转弯，未说明转弯方向，而机组往劣弧方向转弯，对其他航空器造成影响。

3）分析

管制员没有使用标准陆空通话用语，未指明转弯方向，想当然地认为机组会左转，而机组非常规操作，两个因素叠加，造成了后续的紧急避让。使用标准陆空通话的重中之重是指代明确，雷达引导时要指明转弯方向，杜绝理解和执行偏差。

4）建议示例

管制员：CSC8635，左转航迹 270，由于穿越。

5. 样例五

1）情景

管制员：这个我上高度了。

助理席：稍等。

（与周边协调后）

助理席：可以上。

管制员：CQN2165，上到 9 800 保持。

助理席：你不是说的 QDA9772 上高度吗？

管制员：我说的 CQN2165 呀。

2）说明

管制席欲指挥区外一架航空器上高度，但未指明哪架飞机上高度，等待助理席协调，助理席想当然地协调了另外一架飞机并告知管制员可以上。待管制员发完指令，才发现双方指的不是同一架飞机。

3）分析

平时工作中管制席与助理席都比较熟悉。大部分时候管制席啥都没说，助理席就已经协调好了，这是两者共情水平高、彼此熟悉调配方式的表现。但偶尔也会出现驴唇不对马嘴的情况，然而就是这偶尔出现的情况却可能造成大问题。因此就算管制席和助理席彼此很熟悉，还是应该指代明确，说清楚航班号，不能只说目的地机场、公司名称或机型等不能明确指代的信息。在情况较为复杂急迫时，助理席可以直接在管制席屏幕上用手指出，以避免出现指代错误的情况。

4）建议示例

管制席：协调下 CQN2165 上高度，我要提前完成穿越。

6. 样例六

1）情景

CXA8441 执飞厦门至昆明航班，航路：ELKAL-W179-MASRO-H24-P249。

飞行员：CXA8441，天气没影响了。

管制员：CXA8441，保持航向加入下一段航路。

飞行员：保持航向加入下一段航路，CXA8441。

随后管制员发现 CXA8441 并没有加入 W179 航路，而是穿过 W179 航路继续保持航向飞行。

管制员：CXA8441，证实保持航向加入 W179 航路？

飞行员：没有，正在保持航向加入 H24 航路，CXA8441。

2）说明

管制席欲指挥绕航航空器保持航向加入计划航路，但是未明确具体某段航路，想当然地认为机组会切入 W179 航路，机组认为此时已经距离 W179 很近了，应当加入后一段航路。

3）分析

绕飞后，管制员指挥航空器保持航向加入计划航路，但是未具体指明哪条航路、哪个航段，造成管制员与飞行员双方理解的偏差，若没有及时发现，极易产生不安全的影响。因此在指挥航空器加入计划航路（尤其是附近存在转弯的航路）时，应当明确指出从哪个点加入或加入具体哪一段航路。

4）建议示例

管制员：CXA8441 保持航向加入 ELKAL 至 MASRO 段航路。

或管制员：CXA8441 直飞 MASRO 加入计划航路。

7. 样例七

1）情景

管制员：CSS6971，下到 5 400 保持。

飞行员：下到 5 400 保持，CSS6971。

管制员：CSS6971，联系 133.05，再见。

飞行员：133.05，CSS6971，再见。

（过了一会儿）

飞行员：成都，CSS6971，证实频率是 133.05？西安让我又回来了。

管制员：CSS6971，不好意思，联系进近 120.375，再见。

2）说明

管制员指挥机组转频时，未加下一管制区呼号，未能给机组一个明确的情景意识，错失了纠正错误的机会。

3）分析

这个例子看似都是标准的陆空通话，与指代明确没有关系，实际上并没有严格遵照标准陆空通话执行。标准陆空通话要求脱波时明确说明接收单位的名称。管制员发出了错误指令，但如果说明了脱波对象是西安，可能会遭到飞行员的质疑，从而阻止这次错误脱波。在实际工作中，有些时候我们会因为各种原因省略一些标准指令的内容，如"CSS6971，133.05 再见"，这样看似老练，实则是不严谨、有严重安全隐患的。

4）建议示例

管制员：CSS6971，联系西安 133.05，再见。

飞行员：成都，CSS6971，我刚从西安过来的，又联系西安吗？

管制员：CSS6971，不好意思，联系进近 120.375，再见。

8. 样例八

1）情景

协调一：短五边这个落完就马上上去了？

协调二：短五边这个，对。

协调一：好，好。

（"协调一"随即通知车辆进入跑道，造成跑道侵入）

2）说明

车辆需要进跑道检查道面，此时五边有三架航班准备落地，两家管制单位协调后，决定在第二架和第三架航班之间进行，双方通过对话确定进跑道时机。

3）分析

两家单位在协调过程中没有明确航班号，"协调二"也没有核对五边航空器是否与雷达上显示的一致，"协调一"由于没有雷达监视只能询问"协调二"，失去了二次检查的机会，最终导致不安全后果。如果"协调二"核对了航班信息，或者通话中明确了航班号，事件就不会发生了。

4）建议示例

协调二：是××航空公司的，你看下是不是？应该是后面那架。

七、复诵监听

（一）要点阐述

1. 复诵的作用

复诵指令并确保其准确性是保证空管运行安全的必要手段，规范复诵监听可以有效避免错、忘、漏等因素引起的不安全事件。空管运行中的复诵，主要发生在飞行员与管制员之间。

2. 监听复诵的意义

复诵监听是"管制员—飞行员"通信环路的纽带，任何一个环节受到干扰都可能打破通信环路，导致复诵监听出现错误。管制员的复诵监听职责分别体现在管制席管制员与助理席管制员两个方面，管制席管制员监听机组复诵是重中之重，从发送指令到监听机组正确复诵是一次完整的指挥。助理席管制员同步监听复诵是双重保险，往往是"最后一根救命的稻草"。

3. 降低指令复诵难度

管制指令的标准化程度、复杂程度、信息量大小、语速快慢、发布节奏及时机、英语水平高低等都会影响机组复诵的准确性，因此不仅要准确无误地发送管制指令，还要考虑怎么发指令才能让机组更好地接收到所有信息。

4. 复诵监听的易错点

主要有三个方面：第一，发音相近的词句、字母、航路点；第二，与数字有关的航班号、频率、航向与速度等存在异类相似；第三，在不良通信环境中，部分指令被干扰、被误领等，例如出现波道拥堵、广播干扰、频率串扰等现象。

为了降低复诵错误的概率，我们应该尽量做好对空中动态和管制预案的通报，帮助机组建立情景意识。同时，发布指令要使用标准陆空通话用语，发指令前组织好语言，确保指令简明清晰、目的明确、节奏适中。当出现机组复诵不清晰、不完整、不准确或当管制员对复诵抱有疑虑时，应要求机组再次完整、准确地复诵指令，杜绝侥幸心理。管制员在发送指令后，除了监听复诵，还要严密监控机组执行指令的情况。

（二）常见问题及分析

1. 机组复诵通常存在条件反射的情况

机组接收管制指令时，会先抄收管制指令，再根据抄收内容进行复诵，复诵完毕后再确认并执行。这个过程中，机组从接收指令到复诵指令时间非常短暂。因此，机组在复诵时，可能对能否遵循管制指令、管制指令是否正确未经过充分思考确认，致使管制员无法第一时间通过机组复诵获取自身指令是否正确的反馈。

2. 助理席监听复诵很重要

近年来，由于波道繁忙、无线电干扰、个人状态不佳、抱有侥幸心理、习惯性违章等原因，相关人员未能严格执行监听复诵，也是导致不安全事件的重要因素之一。同时，助理席作为复诵监听的重要一环，不仅要监听机组复诵，还要监听管制席指令。因此，助理席需要根据空中情况，择机处理其他事务性工作，避免管制席发布错误指令时，助理席因为"接电话""没听到"等原因错失挽救局面的机会。

3. 防止误领指令情况发生

出现机组复诵被干扰、声音有变化表明波道里可能发生机组误领指令的情况。在判断出是哪架航空器误领指令后，重点是先纠正误领指令的机组，做好提醒，再重新对正确的机组发布指令。如机组复诵时发生无线电干扰，要及时提醒区内所有的航空器"上个指令是发给××的，不要误领指令"，再重新发布指令，并监视好区内航空器动态。当机组状态不佳时，还可能呼错自己的航班号，管制员应该提高对音色的敏感度，通过音色、语气、语调等因素提高监听复诵的准确率，并时刻保持怀疑的态度。当发生口误、机组复诵错误、指令内容张冠李戴等情况时，管制员也应先纠正错误，再提醒机组，最后重新发布指令。

4. 指令过长会降低机组抄收的准确性

当管制员发送比较复杂或信息量较大的指令时，机组很难一次性准确抄收，如果有3个以上的关键信息需要传递，应该提前告知机组准备抄收指令，然后再发送指令，或者分开发送。

5. 使用通话技巧减少误听

适当运用语音语调的变化、增加顿挫感以提升指令节奏感，有助于机组抓住关键信息。例如重读"climb""descend""turn"等关键词，能帮助机组进行信息分类，重点提示机组在接下来会进行什么操作。在繁忙时段，发生误听指令的概率更大，可适当提高语速，缩减指令内容，同时保证管制指令之间的间隔。如果指令之间的间隔太短，也可能导致机组误听。

6. 加强对非英语外籍机组的关注

在遇到母语为非英语的外籍机组时，应放慢语速，重读关键词，认真监听复诵。其中比较容易误听的有"two/tree""right/left""J/Z"等，在发布指令时可重读容易听错的地方以示提醒，或改变表述方式，如左右使用 LIMA SIDE 或 ROMEO SIDE 以示区分。

（三）实例详解

1. 样例一

1）情景

CCA4501 与区域内其他航空器应答机重复。

管制员：CCA4501，应答机改为 1508，区内有相同应答机。

飞行员：应答机 1508，CCA4501。

管制员：CCA4501，更正一下，应答机改为 1506。

飞行员：应答机改为 1506，CCA4501。

2）说明

管制员指挥机组更改应答机，但指令有错误，机组没有发现问题、下意识地复诵，管制员意识到问题后更正指令。

3）分析

机组需要在短时间内识别出管制员的发话对象是自己，并且把指令内容复诵出来，因此很多时候复诵都是无意识的习惯性行为。在这种情况下，机组很可能没有意识到管制员指令中的错误。作为管制员，应该加强复诵监听，通过监听复诵审视自身指令存在的问题，同时也可以避免机组出现错误。

2. 样例二

1）情景

飞行员：成都，CES2280，申请下高度，有颠簸。

管制员：CES2280，稍等，还未进我区域。

管制员：CES2208，下到 8 400 保持。

飞行员：下到 8 400 保持，CES22……（波道干扰）。

管制员：CQH8888 上到 8 900 保持。

飞行员：上到 8 900 保持，CQH8888。

（CES2280 出现红色 LB 告警并开始下降）

管制员：CES2280 保持高度 9 800。

2）说明

管制员指挥飞机下降高度，在机组复诵到航班号最后两位时出现波道干扰，紧接着管制员又开始给其他飞机发送指令，结果发现区内相似航班号 CES2280 错误复诵并执行了指令。

3）分析

这是一起管制员指挥不严谨、机组状态不到位等多方因素叠加导致机组偏离许可高度的事件。所幸，管制员发现红色 LB 告警（机组调表高度与管制指令高度不一致），打断了事故链。在出现波道干扰或者没有听清的时候，一定要进行证实确认，不能因为任何原因忽略掉这一步。

4）建议示例

管制员：刚刚的下降指令是给 CES2208 的，其他飞机注意保持高度。

3. 样例三

1）情景

管制员：CHB6393，上到 10 400 保持。

飞行员：上到 10 400 保持，CES6393。

管制员：CHB6393，上到 10 400 保持。

飞行员：上到 10……（波道干扰）。

管制员：CHB6393，上到 10 400 保持。

飞行员：上到 10 400 保持，CHB6393。

飞行员：成都，CES6393，证实上到 10 400 保持。

管制员：CES6393，保持高度 8 400。

（CES6393 出现红色 LB 告警并开始上升）

管制员：CES6393，保持高度 8 400。

2）说明

管制员给 CHB6393 发送高度指令，CES6393 误领指令，管制员监听复诵发现其他机组错误复诵指令。管制员重新发送给 CHB6393 的指令，在机组复诵的时候再次出现波道干扰，管制员第三次给 CHB6393 发送指令。CHB6393 复诵正确之后，CES6393 找管制员证实指令，但其高度已经发生变化。

3）分析

在区域内有相似航班号时，发送指令前应先叫出该机组，确认机组身份后再发布指令。在其他机组错误复诵指令后，应在第一时间纠正误领指令的机组，而不是重新发布指令。若没有听清误领机组的航班号，应当立即发布指令："刚才的指令是给××航班的，其他航班注意保持高度"。若误领指令的机组回复了，就指挥其保持原高度，加强守听；若误领指令的机组没有回复，则密切关注所有航空器动态及告警提示，做好处置准备。

4）建议示例

管制员：CES6393，保持高度 8 400，注意守听，刚才的指令不是给你的。

或管制员：我的指令是 CHB6393 上到 10 400 保持，刚才是谁复诵的指令？

4. 样例四

1）情景

（扇区繁忙）

管制员：CHH7148，成都，雷达已识别，预计 AKDIK-8J 进港，取消偏置直飞 ONUKU，注意守听，波道内有相似航班号，下高度到 8 400 保持，下降率 1 000，马赫数调到 0.70，进港排序。

飞行员：马赫数 0.70，下到 8 400 保持，下降率 1 000，嗯……AKDIK8……嗯，请重复一下，CHH7148。

管制员：CHH7148，预计 AKDIK-8J 进港，取消偏置直飞 ONUKU。

飞行员：预计 AKDIK-8J 进港，取消偏置直飞 ONUKU，CHH7148。

2）说明

扇区繁忙的时候，管制员为了缓解波道压力，把多个管制许可合到一个指令里发送给机组，机组只复诵了一半的内容。机组证实之后的指令，管制员再次发送指令时又漏掉提醒相似航班号的内容。

3）分析

人类的短期记忆能力有限，难以同时记忆多个信息，管制员发送指令时也是如此，最好不超过 3 项内容。上述例子中，管制员一句指令中包含了 6 项内容，飞行员自然不能复诵完整。机组证实指令反而导致波道更加拥挤，降低了波道的利用率，还容易导致管制员遗漏指令，事倍功半。如果有很多内容需要机组抄收的话，可以分成几句指令发送。记忆还有个特点：记得最清楚的部分大多是首尾部分，所以尽量把关键指令都放在首尾。

4）建议示例

管制员：CHH7148，成都，雷达已识别，预计 AKDIK-8J 进港，取消偏置直飞 ONOKU。

管制员：CHH7148，注意相似航班号，下高度到 8 400 保持，下降率 1 000，马赫数调到 0.70，进港排序。

5. 样例五

1）情景

管制员：KAL832, offset 3 n mile right of track.

飞行员：Offset 3 n mile left of track, KAL832.

管制员：KAL832, offset 3 n mile right of track, ROMEO side.

飞行员：Offset 3 n mile right of track, KAL832.

管制员：KAL832, contact XI'AN control on one tree two decimal tree.

飞行员：Contact XI'AN control on one tree two four tree, KAL832.

管制员：KAL832, negative, contact XI'AN control on one tree two point tree.

2）说明

管制员发布了两个容易因为口音问题产生混淆的指令，恰好外籍机组将 right 与 left、decimal 与 four 听错。

3）分析

在容易混淆的地方，管制员应当重读，同时加上 ROMEO/LIMA SIDE，或者 decimal 改用 point 以示区分。

6. 样例六

1）情景

飞行员：成都，CCD1451，5 400下降中，申请航向270避让天气。

管制员：CCD1451，航向270同意，上到6 300保持。

飞行员：飞航向270，下6 300，CCD1451。

管制员：CCD1451，上到6 300保持。

飞行员：证实上6 300？CCD1451。

管制员：正确，CCD1451，上到6 300保持，由于安全高度。

2）说明

机组申请绕飞天气，但是高度已经低于绕飞路径的雷达引导高度，所以管制员意图指挥机组上升到安全高度以上。

3）分析

给正在下降高度的飞机发送上升高度的指令是很少出现的情况，所以管制员简单发布一句高度指令时，不加转折词或重读的话，机组很容易理解错误，误认为是继续下降高度。而机组复诵错误之后，管制员未在第一时间向机组解释原因，导致机组对指令存疑再次证实，耽误了时间。所以管制员应当用"更正指令"或者重读"上"，再加上说明原因，这样既能准确表达管制意图，也便于机组理解执行指令。管制员可以通过使用重读、断句等技巧来提高机组复诵的准确性。

4）建议示例

管制员：CCD1451，航向270同意，停止下降，上（重读）到6 300保持，由于安全高度。

飞行员：停止下降，上（重读）高度到6 300保持，CCD1451。

八、维持权威

（一）要点阐述

维持管制员陆空通话的权威性，可以理解为飞行员自愿服从与支持管制员发出的指令，这在提升陆空通话效率与减少波道资源占用方面起到了积极的作用。下面主要从通话用语、服务目的、工作心态、机组心理等几个方面说明如何维持管制员通话的权威性。

1. 通话用语要标准

有部分管制员认为在陆空通话过程中，通过使用一些口语化、随意性强的语言能够体现出其管制经验丰富、管制技能娴熟的特点，但事实上，熟练使用标准通话用语，确保指令言简意赅、准确无误，更能体现出管制员的专业素养与严谨务实的职业精神，因此使用标准陆空通话是维持管制员权威的基础。

2. 合理地提供管制服务

管制员的主要职责是保障与维护空中交通安全，因此，管制员的服务不是随意同意机组的请求，也不是毫无根据地拒绝机组的申请，而是根据当时状况，为保证该航空器和空域内其他航空器的飞行安全提供相应的管制服务。

3. 保持稳定的心态

管制员的工作要求管制员用沉着、冷静的心态来处置大流量运行或者突发事件。当然，时刻保持沉着、冷静的心态工作，一方面需要有扎实的调配能力，另一方面需要长时间不断的积累与锻炼。

4. 了解机组心理，顾及机组感受

了解机组心理对提升管制员权威性有着重要的作用，但是这一技巧一方面需要管制员多年的经验积累，另一方面需要管制员进行换位思考，主动了解机组的需求及感受。

5. 一视同仁地对待机组

对待波道内的机组要一视同仁，同样的申请，不能在同意一些机组之后，又无故拒绝另一些机组。一旦让机组认为管制员厚此薄彼，管制员在波道中的权威就会大打折扣，在执行管制指令时也会心存芥蒂。制定管制预案时，同样要尽量公平地安排高度占用、排序先后、时间限制等资源，不能仅凭管制员喜好来安排，一旦机组提出质疑，要能给出有说服力的理由。

（二）常见问题及分析

1. 陆空通话随意、不严谨

使用口语化、随意性的陆空通话，一方面容易造成指令冗长，不易被飞行员接收；另一方面极易导致管制指令出现歧义，轻者机组会反复证实、占用资源，重者则有可能发生不安全事件。

2. 拒绝机组语气较生硬，不说明原因

除了拒绝机组外，调速、机动等指令也都应尽量讲明原因，如由于限制、间隔、追赶等。过于生硬的语气会导致机组质疑管制员的指令，甚至发生争吵。当机组的请求有利于飞行安全时，管制员应当积极地对请求进行回应，如果客观情况无法满足时，管制员应当给予其他选择性建议。当机组的请求不利于空域内总体安全水平时，在拒绝的同时应当给予正当的理由，做到有理有据。

3. 工作心态不稳定

心态的变化会引起管制员自身音调以及语速的变化，过度紧张将导致管制员发布指令时，不由自主地提高音调和加快语速，而飞行员也能通过管制员发布指令的音调、语速来判断管制员的心理状况。如果管制员发话过于紧张、声音发抖、频繁地出现低级错误，那么飞行员会严重怀疑管制员的权威，出现反复证实指令的情况，进而影响管制效率。

4. 本位主义严重

有时管制员为了维持自身在波道内的权威，过分主张一切情况听从管制指令，不顾及机组感受，这样会适得其反，轻者造成机组情绪激动、产生争执，重者造成事态升级，导致后续工作被动。

（三）实例详解

1. 样例一

1）情景

管制员：DLH731, change offset 5 n mile right of track.

飞行员：Change offset 5 n mile right of track, DLH731.

（随后管制员发现航空器偏置超过了右侧 5 海里，于是再次发布指令）

管制员：DLH731, proceed offset 5 n mile right of track totally.

飞行员：Totally 5 n mile right of track, DLH731.

2）说明

管制员本意想发布右偏改为 5 海里的指令，但在指令中使用了"change"一词，该词本意为"改变"，并不是"改变为"，指令中带有歧义。采用非标准的通话用词，易造成机组执行偏离，出现管制员频繁修正的局面，引起机组对管制指令权威的质疑。

3）分析

"change"一词并不在标准陆空通话规范中，极易造成机组理解为在当前偏置 3 海里的情况下再向右改变 5 海里（共计 8 海里）的情况。应使用"revert to（更改为）"或"recleared（重新许可）"一词来避免产生歧义。

4）建议示例

管制员：DLH731, recleared offset 5 n mile right of track.

2. 样例二

1）情景

机组保持 9 200 米，遭遇轻到中度颠簸。

飞行员：成都，CCA1234，申请高度 9 800，轻到中度颠簸。

管制员：CCA1234，高高度不可用，有交叉，保持高度。

飞行员：成都，CCA1234，那 8 400 可用吗？

管制员：CCA1234，低高度也不可用，由于间隔。

飞行员（情绪开始激动）：CCA1234，我什么时候能够改高度？颠得厉害了。

管制员：CCA1234，嗯……先稍等。

2）说明

因为冲突，管制员并未及时给予机组可用的高度层，仅仅"挤牙膏"似的一次次拒绝机组，造成通话量变多，机组情绪激动，并且易造成机组对管制员业务技能的质疑，降低管制员指令权威性。

3）分析

首先，由于预案准备不充分，管制员并未第一时间指出哪些高度层可用。其次，在拒绝机组后，并未明确什么时候可以改变高度，没有给予机组一定预期。这两个原因都容易导致机组情绪激动，产生波道争执。遇到该情况，我们可以在判断可用高度后告知机组，由机组选择脱离颠簸的高度，如"CCA1234，9 800 不可用，有汇聚，证实 11 000 或 7 800 能否接受？"如果区域内确实无其他高度可用，我们可以进行说明，告知机组预计改变高度的时机，以安抚机组的情绪。

4）建议示例

管制员：CCA1234，其他高度不可用，有冲突，先保持 9 200，预计 5 分钟（或某一时间点）后安排高度。

3. 样例三

1）情景

飞行员：成都，CCA1234，申请高度 10 700。

管制员：CCA1234，证实原因。

飞行员：成都，CCA1234，上高高度飞得快点。

管制员：CCA1234，高高度不可用，保持高度，前方限制。

2）说明

在一般情况下，机组都希望上高高度以节省油量、增大地速，但由于前方高度限制的原因，管制员没有同意。管制员回复语气较生硬，缺乏通话技巧，机组会因此质疑管制员的工作方式及服务态度。

3）分析

可在通话中加上原因、同时采用"当前高度最高了"这样的说明，可以给飞行员形成"这位管制员已经尽力给我安排高高度了"这样的暗示，后续机组自然会主动配合。

4）建议示例

管制员：CCA1234，由于前方限制，过 HUY 最高的高度就是 9 500 了。

4. 样例四

1）情景

区域内有绕飞，且 CCA1234 需要机动满足前方要求。

管制员（语气游移不定）：CCA1234，由于间隔，雷达引导……右转……右转航向 340。

飞行员：右转航向 340，CCA1234。

飞行员：成都，CCA1234，证实右转航向 340？是向右转一圈吗？

管制员：CCA1234，更正指令，左转航向 340。

2）说明

管制员因工作负荷增加，情绪紧张，在指挥航空器机动时，转弯方向说错，经机组质疑后才发现错误。如此类情况短时内连续出现，空中机组可能对管制员的后续指令产生怀疑，影响指令执行力，同时机组还会在波道中不断证实，占用波道资源，进一步增加指挥的复杂程度。

3）分析

在工作负荷加重时，管制员难免会出现紧张或焦虑，适当的紧张有助于提升个人的专注度，但过分的紧张极易导致管制员发布错误指令等不安全行为。因此，管制员越是在繁忙的情况下，越需要控制好自身情绪，发布指令前要预先检查，谨防忙中出错。

5. 样例五

1）情景

管制员：CCA1234，由于天气和限制区，雷达引导右转航迹 180。

（5 分钟后）

飞行员：成都，CCA1234，当前航向要飞多远？我偏离计划航迹很多了。

管制员：CCA1234，先听指挥，预计保持航向切过 IDEPO。

飞行员：CCA1234，有必要绕这么远吗？广州还有天气，你这么指挥我没法计算油量了。

管制员：CCA1234，KWE 后有天气和限制区，所以提前引导你避让。

飞行员：成都，CCA1234，没影响尽快归航吧，这么绕太远了。

2）说明

区域内有复杂天气，管制员为了指挥航班同时避开天气及限制区，提前指挥航空器绕航，但机组担心油量问题，质疑管制员的指挥意图，在波道内"讨价还价"，占用波道资源。此类情形常见于机组长时间偏离预定飞行剖面时（雷达引导偏离计划航路较远或进离港航班长时间不下降/上升高度等情况），机组在未获得明确的管制预期时，通常会产生迷茫和担忧，从而质疑管制员的权威性。

3）分析

在复杂天气情况下，机组往往担心是否绕了远路、整段航程的油量是否足够等，但是管制员没有了解机组的心理需求，仅仅单纯地强调"保持航向180，避让天气和限制区"。如果此时能主动地给予一些说明，如"前机在 GLB 就归航了"或者"这么绕预计比计划航路多 20 海里左右"等，让机组掌握多绕了多少距离，方便机组计算油量，就不会出现机组反复纠缠的情况。同样，因距离限制等原因指挥航空器机动时，也应告知机组预计机动多长时间，让双方都心中有数。

4）建议示例

管制员：CCA1234，由于限制区及天气，预计航向 180 切过 IDEPO，后续可以向南宁申请归航 DUDIT，预计航程增加 20 海里。

6. 样例六

1）情景

管制员发现 CES2770 起飞后与后机间隔不够，由于后机高度高，速度快，CES2770 刚起飞速度小，于是指挥 CES2770 减小速度，让后机超越 CES2770。

管制员：CES2770，由于间隔，马赫数调到 0.70。

飞行员：马赫数 0.70，CES2770。

（两分钟后管制员经过计算发现，即使让 CES2770 减速，CES2770 在出区域时仍在前面，于是指挥 CES2770 马赫数增到 0.77）

管制员：CES2770，更正指令，马赫数增到 0.77。

飞行员（质疑）：成都，CES2770，证实要调大速度？

管制员：CES2770，正确，马赫数增到 0.77。

飞行员（不满）：马赫数 0.77，CES2770。

2）说明

管制员没有制订好预案，出现了短时间内让机组先减速后增速的情况，引起了机组的质疑与不满。

3）分析

一方面，制订预案时要全方面考虑，纳入多种影响因素，如飞机性能、调配空间、前方限制等种种因素，保证预案尽可能合理、高效；另一方面，要考虑到万一机组执行效果不佳或者管制员自身判断错误，要留有后备预案，确保后续指令不与前面的指令相矛盾，避免造成"朝令夕改"的现象，影响工作效率或产生波道争执。

九、节奏把控

（一）要点阐述

"高效"与"高速"是两个意思相近的词，在通话中，两者的共同点都表达了"快"的意思，其不同之处在于："高效"更注重的是管制员发话和机组接收、理解并执行指令的效率；"高速"只是单纯地表达了信息输出速度快的意思。所以过分的"高速"只会造成事倍功半的效果。因此本节通过语速标准、重要指令断句等几个方面说明应如何把控好通话节奏，提升通话效率。

1. 语速标准不急躁

在一个充满无线电失真、噪音等多种干扰的环境中，在缺乏视觉交流的条件下，发话的快慢在信息的传递中起着决定性作用。研究表明，在无外在干扰的情况下，正常人能正确回忆的数字数量平均在 7 个左右，因此，语速过快必然会出现信息超载，造成理解受阻。国际民航组织规定，陆空通话的标准语速为 100 词/分钟，这是按照英语的一般语速 160～180 词/分钟来制定的。按照此标准，汉语普通话的标准值可在一般速度 140 词/分钟的基础上减少 30%到 35%，大概是 85～90 词/分钟。

2. 重要指令要断句

飞行员听到的指令，是按照特定顺序在大脑中留下的临时性存储，这种临时存储极易产生遗漏或者失真。造成这种情况的原因从信息来源的角度讲，一方面是管制员发送指令的速度过快，另一方面是管制员发送的指令过长。因此，管制员在发布指令的过程当中，一定要对重要指令断句，同时重要指令中应当尽可能只保留不超过两个与数字有关的内容，以确保飞行员接收到完整正确的指令。

必须断句的指令包括频率指令、高度指令、航向指令等。

如果涉及航路更改或者等待程序等较长的指令，应提前通知机组做好抄收准备，待机组准备好后再发布指令，避免突然发布较长指令导致机组抄收不完整。

3. 增强飞行员情景意识

飞行员在收到指令后，有时仅凭短时记忆来操作，可能会产生错误和疏漏，这种情况往往会使飞行安全受到威胁。如果飞行员对空中情况了解得比较清楚，当其收到管制指令时，就能结合自身判断，很快地做出正确的响应动作。因此，管制员在发布指令时，应当将频率、高度、航向、转弯方向等指令显著重读或者重复以增强飞行员情景意识。同时，如有影响飞行安全的环境因素如危险天气、空中交通活动或限制区等信息，应当及时告知机组，引起机组重视。

4. 根据管制负荷调节语速

管制员应当根据当前的负荷情况，适当地调节语速。比如飞机很少时，通话可以适当放缓；飞机多起来的时候，通话语速可以适当加快。一是通过提升语速，增加单位时间内的通话量；二是通过语速变化，让机组感受到波道繁忙程度的变化，从而提高应激水平，提升接收指令的效率。如果波道中只有两架飞机，而且间隔几分钟才有一条指令，此时仍然用很快的语速去发布指令，机组多半会措手不及，再次证实指令。

5. 有意识地控制通话时机

越是繁忙的时候，管制员越是要保证每一句指令都能第一时间被准确接收并执行。因此，除了合理地调节语速外，选择恰当的通话时机也是相当重要的。需要注意以下几点：

（1）管制员发一句指令，机组复诵一句指令，这是最基本的通话规范。因此当管制员发完一句指令后，应该留下一定的时间给机组复诵，不能一直不停地发布指令。这个留空时间的长短，管制员应当根据发指令的语速进行调节，语速快时，机组感同身受，复诵也会及时一些、快一些，留空的时间就可以适当短一些。

（2）要时刻关注机组的需求，在机组申请前发布相应的许可，减少不必要的申请。这既能帮助减少指令的数量，也能避免管制员思路被打断。比如：观察到航班快要到交接点时，如果不脱波，机组势必会申请转频；观察到航班已接近初始许可高度时，如果不发布继续上升指令，机组势必会申请继续上升高度。

6. 优化标牌操作，防止波道拥堵

越是在高负荷的运行情况下，越是要把握好接收标牌的时机。在有多个标

牌需要接收时，先有意识地间隔几秒，再进行接收标牌操作，保证有时间差，能够逐一与航空器建立联系，避免波道拥挤。在管制员执行了与指令相关的标牌操作后，应当有机组发话的心理预期，提前空出波道，避免机组发话与管制指令同时进行而产生干扰。

通常情况下，从接收外区域标牌（AIDC）到该航班初始联系有 12 秒左右的间隔，可以最多再发两个指令。如果是同一管制单位不同扇区间的移交（同一自动化系统），一般只有 6~8 秒间隔，发布一个指令刚好，再继续发指令很可能与初始联系机组的通话相互干扰。

特殊情况下，为提高通话的精力分配比重，可以将部分标牌操作授权给助理席管制员，例如大面积绕飞时修改计划航路操作等。

7. 突发情况不仓促，做好准备效率高

针对突发情况下的应急处置（如冲突解脱），建议管制员先有意识地停顿几秒钟（是否有必要因人而异）。在这几秒钟内，一是调整好自身心态；二是判断好局势；三是组织语言与控制语速。然后再发布相应指令。虽然使用这种方法可能没有在第一时间将指令发布出去，但是从"高效"与"高速"的角度来讲，管制指令正确有效，机组的执行力也会显著提高，最终的处置效果也可能会更加令人满意。

（二）常见问题及分析

1. 指令内容过多

发布指令包含太多关键内容，机组接受指令不完全。轻则导致机组再次证实，占用波道资源；重则导致机组错误地或不完全地执行管制指令，造成不安全后果。

2. 关键信息没有重读，运行限制提醒不到位

关键信息没重读，如相似航班号差异部分、频率信息等，容易造成机组接受错误的指令。运行限制提醒不到位，这里指空域内限制区等信息没有提前传达给机组，管制员存在边指挥边看、见招拆招的想法，不能帮机组建立良好的情景意识，容易导致后续工作被动、事态升级。

3. 语速调节不到位

在工作负荷变大时，仍然使用较悠闲的语气指挥。一方面容易造成管制员工作状态滞后于工作负荷变化，导致"错、忘、漏"的发生；另一方面容易给机组传递一种波道内较为轻松的假象，导致机组不认真守听指令、不主动观察空中活动，进一步降低指挥效率。负荷不大时，如果管制员语速过快，容易造成航空器反复证实或误听指令的情况。

4. 缺乏主动指挥意识

主要原因在于管制员没有全面把控区域内的运行态势，对于哪些机组需要继续上高度、哪些机组可能会申请绕飞、哪些机组马上要转频等没有清晰准确地判断，不能抓住发布指令的最佳时机，而是被动地等待机组申请，导致通话节奏跟不上运行态势的变化，造成后续工作局面被动。

5. 标牌操作不合理

在流量较大的情况下，没有优先将处于边界的航空器向外移交，反而同时接收多个进区域航班的标牌，导致多机同时联系，区域内航班量瞬时增大，管制员想发指令却找不到发布时机，人为造成波道拥挤。

6. 遇到特情等突发情况操之过急

遇到突发情况，管制员往往容易过度紧张，导致通话语速过快，或是没有完全看清空中态势就发布指令，极易导致局势进一步恶化。

（三）实例详解

1. 样例一

1）情景

管制员（语速快）：CCA1234，由于间隔右转航向130，下到8 900保持下降率2 000。

飞行员：右转航向130……下降率2 000，下到8 900保持，CCA1234。

飞行员：成都，CCA1234，证实右转航向130？

管制员：CCA1234，正确，右转航向130，由于间隔。

飞行员：右转航向 130，下到 8 900 保持，下降率 2 000。

2）说明

由于管制员指令中包含了较多数字内容，且发布指令速度较快，中间没有停顿断句，虽然机组复诵正确，但还是有些犹豫，随后机组进行了证实，延误了机动与下降的时机。

3）分析

管制员考虑到相对冲突的穿越间隔较小，所以发布指令较快且缺少停顿和断句，但是管制员没有考虑到机组接收指令的难度。建议发布指令的语速适中且有明显断句，或者将两部分指令分开发布，如先发航向指令，待机组正确复诵后再发布高度指令。

4）建议示例

管制员（语速适中）：CCA1234，由于间隔，右转航向 130，下到 8 900 保持，下降率 2 000，有穿越。

或管制员：CCA1234，右转航向 130，有穿越。

（机组正确复诵后）

管制员：CCA1234，下到 8 900 保持，下降率 2 000。

2. 样例二

1）情景

管制员：CCA1234，由于其他用户活动，MASRO 后右转飞 BIPIP 再飞 LPS。
飞行员：MASRO 后右转飞 BIPIP……再飞哪里，CCA1234？
管制员：CCA1234，MASRO 后飞 BIPIP，再飞 LPS。
飞行员：MASRO 后飞 BIPIP，再飞 LPS，CCA1234。

2）说明

由于其他用户活动，需要指挥航空器改航避让活动区，但是管制员事先未提醒机组注意抄收指令，导致机组没有充分准备，再次询问后续航路。

3）分析

在发布改航指令以及等待程序时，由于指令中要素较多，不易被机组完整接收，因此在发布指令之前，应提前提醒机组注意抄收改航指令或等待指令。

4）建议示例

管制员：由于前方其他用户活动限制，需要引导改航，请准备好抄收报。

3. 样例三

1）情景

飞行员：成都，CCA1234，申请航向 200，前方天气。

管制员：CCA1234，航向 200 同意。

飞行员：航向 200，CCA1234。

（5 分钟后，管制员发现 CCA1234 保持航向 200 有侵入限制区的风险）

管制员：CCA1234，证实当前航向飞多远？

飞行员：成都，CCA1234，当前航向再申请 40 海里。

管制员：CCA1234，不可以，当前航向最多 20 海里，20 海里后必须左转，重复，20 海里后必须左转！（提高语调）有限制区！

飞行员：成都，CCA1234，我左转不了，左边有天气。

管制员：CCA1234，现在连续右转，右转航向 360，引导从东侧绕飞。

飞行员：连续右转航向 360，CCA1234。

2）说明

机组申请绕航，管制员同意，但随后发现这个航向继续保持会进入限制区，想指挥机组左转绕航，却未考虑到天气可能导致机组无法转出。在发现机组不能左转后，随即指挥航空器连续右转机动，导致后续工作被动。

3）分析

在机组初始申请航向 200 时，管制员发现如果一直保持该航向，航空器将侵入限制区，但此时距离较远，本着临时"见招拆招"的想法，没有及时通报限制区相关信息，直到航空器距离限制区较近了，才想办法指挥航空器避让限制区，但为时已晚，管制员不得已指挥航空器盘旋机动避让限制区。如果在复杂天气情况下，能提前考虑到机组可能出现的绕飞需求，或者提前通报限制区的相关信息，帮助机组建立完善的情景意识，就能避免后续工作出现被动，进而降低通话量、提升运行效率。

4）建议示例

管制员：CCA1234，航向 200 大概 50 海里后将进入限制区，40 海里时必须左转，证实意图。

或管制员：CCA1234，11点钟方位40海里有限制区，代号××，证实绕飞意图。

4. 样例四

1）情景

（扇区航班量较大，同时管制员又在几秒内接收了两个不同单位移交的标牌）

CCA1234：成都，CCA1234，过P293，联系广州了？

管制员：CCA1234，联系广州××，再见！

CCA1234：联系广州××，CC1234，再见！（伴随干扰声）

管制员：CCA1234！联系广州××！其他飞机与我长守，证实哪个航班插话了？

CCA1234：联系广州××，CCA1234。

CES5665：成都，CES5665，高度9 200，应答机4523，HUY。（伴随干扰声）

管制员：CES5665，证实高度、应答机。

CES5665：成都，CES5665，高度9 200，应答机4523。

管制员：CES5665，成都，雷达已识别。

CHH7183：成都，CHH7183，高度8 900，应答机1546。

管制员：CHH7183，成都，雷达已识别。

2）说明

扇区内流量较大，且有航空器处在交接点附近，管制员未及时指挥航空器脱波，又同时接收了两个单位移交的标牌，导致管制员在脱波时，同时有航空器在初始联系，造成波道拥挤，管制员也反复证实、确认，总体通话节奏较混乱。

3）分析

这是一个典型没有判断好优先级、预留通话时隙，导致波道瞬时拥挤的案例。在流量较大时，首先，管制员应根据空中态势做好优先级判断，针对交接点附近无影响的飞机，一方面考虑到机组有转频的需求，另一方面考虑减少波道拥挤的可能性，管制员应优先脱波。其次，应当放慢接收标牌的节奏，在接收标牌时，应留有足够的时间差，确保航空器能够逐一进行联系、识别，避免波道阻塞，防止机组误听指令的风险。

5. 样例五

1）情景

（管制员遗忘汇聚冲突，发现后，立即进行冲突解脱）

管制员（情绪激动，语速快）：CCA1234，立即右……左转航向090，有冲突！

（无人回应）

管制员：CCA1234，立即左转航向090，有冲突！

CCA1234：立即左转航向090，CCA1234。

管制员：CSN3456，立即右转航向180，有冲突！

CSN3456：立即右转航向180，CSN3456。

2）说明

管制员发现冲突后，立即进行冲突解脱，但第一句指令险些发错转弯方向，同时因为语速过快，机组未能在第一时间完整接收，险些延误解脱时机。

3）分析

管制员在发现冲突后，立即发布解脱指令，但是解脱效率并不高。一是险些发布错误指令；二是语速太快，机组没有接收到。因此在面对突发事件时，管制员要避免盲目仓促地发布管制指令，应当注意控制好语速、制定好处置预案后再发布指令，确保指令能够第一时间得到机组响应。

十、听音辨人

（一）要点阐述

听音辨人是通过一个人的声音来判断他的个性、心态等特征的方法。结合实际管制工作，我们可以通过机组发话时的流畅程度、通话习惯、语气等来判断发话者的专业水平、工作作风以及心理状态。

1. 通过流利度判断

说话流利不吞吐通常是成熟、稳定、自信的表现，一方面体现了飞行员具备较为丰富的从业经验，另一方面也反映出其对当前局势具有较好的把控能力。

2. 通过通话习惯和语气判断

通过机组的通话习惯，如用语是否标准、是否严谨等，可以辅助判断机组的作风和素养；通过机组的语气，可以辅助判断机组的资历和工作态度。在面对形形色色的机组时，要根据判断出来的机组性格、资历、习惯和态度等特征，针对性地调整语言策略。

3. 通过音色判断

管制员的短时记忆不光包括航班的航行诸元，也应当包含对该航班机组特征的印象，如机组的性格、素养以及音色。管制员和机组不能面对面交流，无法通过不同机组的面部来识别其对应的航班，但是可以通过不同机组的音色来记住其对应的航班。这在波道卡阻、干扰，未复诵航班号，机组错误复诵等情况下，能够发挥巨大作用。但同时，这也是一项难度非常高的技巧，需要敏锐的感知力和强大的记忆力做支撑。希望大家通过日常锻炼，能够一定程度上掌握该技巧，帮助应对一些非正常情况。

4. 外籍机组

外籍机组指的是国外航空公司飞行员或国内航空公司的外籍飞行员。在遇到外籍机组时，管制员的安全裕度要适当放大，原因如下：

（1）母语为非英语的外籍机组英语并不一定比管制员好，而且因为其口音，在通话时加大了判断其复诵正确性的难度。

（2）在遇到特殊状况时，外籍机组常采用非标准通话，且语速快，管制员不易准确理解。

（3）外籍机组对中英制高度转换可能不熟悉，在改变高度时，一方面可能花费更多时间调整高度，另一方面存在调错高度的可能。

（4）大多数外籍航班为高高度国际飞越航班，对区域运行影响较小，管制员通常不会对其发布较多的指令，这容易导致机组情景意识下降，对管制指令响应不及时。

综上所述，在指挥外籍机组航班时，管制员要更加谨慎，避免因通话细节导致工作被动。

（二）常见问题及分析

1. 机组通话不流畅

如果机组连正常的位置信息、指令复诵都存在吞吐的现象，表明其经验不够丰富或状态不佳，因此在指挥这类航班时，管制员应适当放慢语速，尽量不发布复杂指令，避免其误听或误操作。

2. 机组语速过快或过慢，通话有错误

如果机组语速过快，可能反映出其急躁的状态，管制员应加强复诵监听，稍有疑问应第一时间重新发布，不能得过且过。如果机组语速过慢、较懒散，则说明其可能状态不佳，指令复诵后需要加强对其航行诸元的监控。如果机组通话时有错误，如航班号、应答机、偏置等口误未及时纠正，则反映出其不够严谨，管制员后续指挥时应加强关注。

3. 相似航班号对机组的暗示

通常在处置相似航班号时，管制员常常提醒机组"有相似航班号，注意守听"。一方面，确实能够提醒机组注意监听管制指令；但另一方面可能对机组产生错误的暗示。例如 CCA4320 和 CCA4230，如果管制员连续对两者进行过多的指挥，那么原本给 CCA4320 发布的指令容易被 CCA4230 接收，且 CCA4230 在复诵时会错误回复自己是 CCA4320，这样极大地增加了管制员监听的难度。此时，通过判断机组音色来进行"二次区分"的方法就显得格外重要。建议不

要连续给航班号相似的两机发布指令。

4. 外籍机组守听不到位

由于外籍机组通常飞高高度巡航，对其发布管制指令的频率较低，容易导致机组守听不到位，造成通信不畅的情况。

（三）实例详解

1. 样例一

1）情景

飞行员：成都，CCA1234，呃……高度九千两百米保持，应答机……呃……1502，听你指挥。

2）说明

在初始联系时，该机组通话吞吞吐吐，且高度"九千二"读作"九千两百米"，表明其对基本通话用语不熟悉。

3）分析

从通话可以看出，这名飞行员初始联系的通话并不流利，可以看出该飞行员飞行时间短、标准通话不规范的特点，因此在对这类航班进行指挥时，我们需要格外关注航班的飞行动态以及指令的复诵情况，谨防出现不正常事件。

2. 样例二

1）情景

飞行员：成都，CCA1234，高度9 200，应答机1506，右偏3海里。
（管制员发现其报告的应答机与雷达显示应答机不一致,且偏置大于3海里）
管制员：CCA1234，证实应答机和偏置。
飞行员：CCA1234，更正，应答机1505，右偏5海里，不好意思。

2）说明

在初始联系时，该机组通报的信息与雷达显示不符，经管制员证实后，机组及时更正了错误。

3）分析

从通话中可以看出,机组有不在工作状态的可能,在对其进行后续指挥时,管制员应适当增大裕度，加强对其监控。

3. 样例三

1）情景

区域内部分航班绕飞，存在相似航班号 CCA4320 和 CCA4230，管制员已经对其进行通报，几分钟后机组申请绕航。

CCA4230：成都，CCA4320，天气申请航向 030。

管制员：CCA4320，航向 030 同意。

CCA4230：航向 030，CCA4320。

CCA4320：我是 CCA4320！刚才哪一个说错航班号了？！

CCA4230：不好意思，是 CCA4230 申请航向 030。

管制员：CCA4230，航向 030 同意，注意你的呼号！

CCA4230：航向 030，不好意思，CCA4230。

管制员：CCA4320，沿计划航路。

2）说明

CCA4230 申请绕飞天气时，误将航班号说成 CCA4320，管制员和当事机组都没有发现，幸好 CCA4320 及时发现，同时管制员及时更正，没有造成任何影响。

3）分析

CCA4230 机组一方面可能状态不佳，另一方面忙于避让天气，因此说错了自身航班号，管制员也没有及时发现。类似这种错误，管制员很难发现。如果需要对相似航班进行多次指挥，建议将其中一个相似航班号临时更改为另一个完全不相似的航班号或使用英文通话来避免类似的问题。同时，如果能关注到两个航班机组的声音差异性，管制员就有可能第一时间发现机组的错误，避免不正常事件发生。

4. 样例四

1）情景

飞行员：CHENGDU Control, GEC8481, maintain 11 300 m, squawk 2345.

管制员：GEC8481 CHENGDU Control, radar contact.

（20分钟后）

管制员：GEC8481, contact NANNING Control ××, good day!
（无回应）

管制员多次呼叫后，机组均无回应，随即管制员按通信失效程序处置，在使用选择呼叫系统后成功联系上该机组，并正常脱波。

2）说明

在机组初始联系后，因其高度为 11 300 米，对区域调配影响很小，识别后管制员未对其进行任何调配，但是在脱波时突然叫不到该机，随即按照通信失效程序处置。

3）分析

飞高高度的外籍机组，因为长时间不会收到管制指令，极易开小差，导致需要指挥该机时却无法取得联系。为避免这一问题，可以在识别后加上"REPORT PASSING IDEPO（IDEPO 为移交点）"的指令，让该机在移交点强制报告，避免通信不畅的不正常情况发生。

第三章

03

非常规通话

一、复杂天气

（一）要点阐述

（1）复杂天气情况下，单个航班指令通话时间变长，通话频次增加，但每分钟通话航班数量反而减少，因此应尽量发布能快速解决问题的指令，降低机组反复申请的概率，提高通话效率。

（2）由于天气等不确定因素的存在，对于区域内可能有影响的限制区、禁区、炮射区以及因天气影响而暂时无法通过雷达引导完成穿越的冲突都必须心中有数。如有必要，提前通报，与机组加强沟通，合理制订预案，避免因双方理解上的偏差而造成影响。

（3）天气类通话频次多、节奏快，要简洁无歧义，准确表达管制意图，并及时向机组反馈其诉求的满足情况。

（二）常见问题及分析

1. 看似提高了服务意识，实则没有帮助却降低了通话效率

例如：
管制员：CES2360，注意观察天气，XYO附近有绕航。
飞行员：收到，我们申请左偏40海里。
管制员：CES2360左侧不行有活动，从右侧绕航。

这种通话，看似提供了很好的情报服务，但是没能一句话表达清楚，没能有效描述出可用的空域环境。在波道较为繁忙的时候，让机组尽早观察天气是非常好的习惯，但是应尽量避免这种通报不全面的情况，而应该直接告诉机组具体绕航限制。

建议的通话例如：
管制员：CES2360，XYO附近有天气，注意观察，另外左侧有活动，绕飞只能从右侧，早作打算。
飞行员：收到。

2. 英文通话不顺畅，关键字使用不正确，造成沟通不畅

这类情况出现较多，解决办法是通过平时不断地学习和积累，以及对他人

优秀通话示例的借鉴来提高自身水平。

3. 拒绝机组申请不带原因，无法达到有效沟通目的

例如：

飞行员：成都，CES2360，申请航迹 320 绕飞。

管制员：CES2360，从右侧绕航。

飞行员：前机都是从右侧绕的吗？我看右侧绕很大啊。

管制员：CES2360，前机都是从右侧绕的。

飞行员：我还是从左侧吧，左侧好绕些。

管制员：CES2360，左侧有活动，从右侧绕。

飞行员：哦，收到了，申请航迹 060，CES2360。

从这个例子可以看出在绕飞时，如果不能及时表述清楚绕飞限制或者拒绝的原因，机组会多次占用波道反复证实，降低通话效率。

建议的通话例如：

飞行员：成都，CES2360，申请航向 320。

管制员：CES2360，航向 320 不同意，因为左侧有活动，只能从右侧绕航。

飞行员：收到，申请航向 060，CES2360。

4. 绕航时容易造成波道拥挤，在发布关键指令后，机组回复可能伴随波道杂音

越是在繁忙时段，越有可能出现这种情况，比如：雷雨绕飞期间，因为多数机组绕飞需求迫切，改变高度预期强烈，通话频次会急剧增加，导致波道拥挤。机组提出绕航申请后，都希望被尽快同意，因此抢话和误听指令的概率也大大增加。当管制员发布高度或者航向等关键指令后，如果得到一个伴随着杂音的回复时，一定要谨慎，这种情况很有可能是多个机组在回答，因此一定要重复指令并说明指令是发给谁的，提醒波道内其他机组注意。

例如：

管制员：CES2360，上 S1010 保持。

飞行员：上 S1010 保持……60（伴随杂音，听不清航班号）

管制员：注意上 S1010 的指令是发给 CES2360 的，还有哪个机组回答了？

CES5660：收到，保持高度，CES5660。

管制员：CES2360，上 S1010 保持。

CES2360：上 S1010，CES2360。

5. 通话啰嗦，机组逐个申请航迹，逐个同意

这种情况我们需要对区域内的绕飞环境及绕飞冲突有清醒的认识，如果已经实现了分流又没有其他空域限制，那么在机组申请绕飞时，直接同意就可以。

例如：

飞行员：成都，CES2360，申请左偏航路20海里，由于天气。

管制员：CES2360，同意，绕过天气飞JTG。

6. 未实施人工分流

绕航时不能单纯根据机组申请的航迹来指挥，如果有大量的高度穿越需求，最好实施人工分流。通常，机组是不愿意从较远一侧绕飞天气的，因此主动引导机组绕飞时要说明指挥意图和区域内运行环境，尤其是往较远一侧引导时，这样才能赢得机组的理解和配合。需要注意的是，管制员对天气分布情况要有较清楚的了解，以免出现绕飞过远无法归航的情况。

例如：

飞行员：成都，CES2360，申请航向060，由于天气。

管制员：CES2360，从西侧绕航，东侧有出港穿越。

飞行员：成都，我看西侧天气范围要大些。

管制员：CES2360，东侧有连续出港穿越，如果往东侧，你下不了高度，出港航班上不了高度，天气允许的话从西侧绕航。

飞行员：好的，申请航向320，CES2360。

7. 批复机组绕航申请不够灵活

批复时只询问机组申请的航向，没有询问这个航向保持多久，下一个航向又申请多少，这种询问方式对绕航的整体影响判断是不准确的。但是，如果把上述问题全部都问一遍，通话会很复杂，且占用太多波道资源。因此，很多管制员还是习惯只询问机组绕飞航向，这也导致波道里常常出现机组频繁申请绕飞航向的情况，极大地影响管制员精力分配。

根据天气图和以往绕飞轨迹，管制员可以大致判断出后续航班的绕航轨迹，向机组明确绕航的限制，灵活选择授权航向、授权侧向偏航范围、授权自主绕飞等方式来给予机组更大的自主绕飞空间，这样可以极大地缓解波道繁忙情况。

例如：

飞行员：成都，CCA1234，前方天气，左右绕飞有没有限制？

管制员：CCA1234，没有限制，申请航向多少？

飞行员：申请航向 340，CCA1234。

管制员：CCA1234，航向 340 同意。

飞行员：航向 340 同意，CCA1234。

…………

飞行员：成都，CCA1234，申请再右转 5 度。

管制员：CCA1234，航向 345 同意。

飞行员：同意，CCA1234。

…………

飞行员：成都，CCA1234，申请航向转到 330。

管制员：CCA1234，航向 330 同意。

飞行员：航向 330，CCA1234。

建议可以根据情况选择以下用语：

管制员：CCA1234，右侧 20 海里内绕飞自主掌握，绕过天气飞××。

或管制员：CCA1234，左侧绕飞自行掌握，归航报。

或管制员：CCA1234，绕航自行掌握，绕过天气飞××。

（三）常用英语通话样例

1. 绕航

1）样例一

飞行员：Chengdu, CSN6950, request heading 230, due weather.

管制员：CSN6950, heading 230 approved.

2）样例二

管制员：CSN6950, how many nautical miles will you maintain on the present heading?

飞行员：Expect 50 n mile, then we can direct to XYO, CSN6950.

管制员：CSN6950, only 40 n mile approved on the present heading, and then you have to turn right at least heading 160 to avoid the restricted area on your left.

飞行员：Roger, we are heading 160 now, CSN6950.

2. 通报 RVR

1）样例一

管制员：CPA256, due to heavy fog at Shuangliu airport, it's ILS CAT Ⅱ now.

飞行员：Confirm the RVR of 02L, CPA256.

管制员：CPA256, the RVR of RWY02L: touchdown 250, midpoint 300, stop-end 200.

3. 本场天气与等待

1）样例一

管制员：CPA256, Chengdu, we got current weather information, the CB clouds are building up on the final of RWY02L.

飞行员：Chengdu, CPA256, confirm any aircraft landed so far?

管制员：CAP256, there are still landings, but the meteorological Department(MET) forecast that it will last at least 40 min.

飞行员：Roger that, we will wait 50 min in the area, CAP256.

管制员：CPA256, roger, now hold at present position, left-hand pattern, inbound track 360, outbound time 1.5 min, we will keep you advised.

4. 颠簸

1）样例一

飞行员：CPA256, Chengdu, any turbulence reported at S1010?

管制员：CPA256, moderate turbulence was reported at S1010 by the preceding flight 10 min ago.

飞行员：Roger, is S1130 available? CAP256.

管制员：CPA256, S1130 is not available, how about S0890?

飞行员：No, thanks, we'd like to maintain S1010.

5. 绕飞建议

1）样例一

飞行员：Chengdu control, CPA256, the clouds indication is not very clear on my radar, confirm the weather on my route.

管制员：CAP256, a large amount of CB was built up at WLY, we suggest heading 350 from the present position, and you can follow the preceding aircraft for the detour.

二、特情类通话

（一）要点阐述

（1）特情是一种比较复杂的沟通情况，在配合机组处置特情时，如何问清楚特情的具体情况以及需要的帮助和意图，需要一定的沟通技巧和把握时机能力。

（2）特情处置，不仅要针对当前发生的情况做处置，也要尽可能多为机组考虑，预估机组可能遇到的困难，做好保障准备。

（3）特情处置如遇到外籍机组，英语通话将会是一大难点，要能听懂特情原因及机组需求。当听不懂或不太确定的时候，一定要反复询问，或者用自己的理解把情况表述一遍并向机组证实。整个通话最关键的还是明确机组的意图和需求，原因听不懂可以稍后再作询问。

（二）分类示例

1. 座舱失压

1）关键字

（1）失压原因：Windshield broken/cracked, Pressurization failure, Pressurized, Decompression。

（2）导致结果：机组在报告失压后，可能马上开始下降，如风挡破裂机组还可能无法接收到管制指令，需立即调配其他飞机避让该特情航班。

（3）需求：尽快下到4 000米以下（机组手册一般要求10 000英尺以下，即3 000米），询问机上人员状况、飞行情况、受损情况，以及机组下一步意图。

2）通话示例

飞行员：MAYDAY MAYDAY MAYDAY! CPA256, we are encountering decompression, emergency descent now.

管制员：CPA256, roger Mayday, traffic information 2 o'clock, 10 km, lower level, the MSA is 3 600 m.

管制员：CPA256, confirm your target level, and report your intention.

飞行员：We are descending to 3 600 m, and request an alternate to Shuangliu airport, CPA256.

管制员：CPA256, Chengdu, roger, report the situation and POB when you are convenient.

…………

飞行员：Chengdu, CPA256, the situation is under control, the copilot's windshield is broken, we request priority landing.

管制员：Do you need any additional assistance?

飞行员：Some passengers are experiencing nosebleeds and ruptured eardrums, please send medical service upon landing.

管制员：Roger, medical assistance will be ready on your arrival.

2. 油量问题

1）关键字

（1）最低油量，紧急油量（mayday 级别），放油，漏油。

Minimum fuel, fuel emergency, fuel dumping, jettison, fuel leakage.

（2）根据油量情况和机组报告。

Endurance, dumping area, priority landing, direct to.

2）通话示例

（1）漏油导致紧急油量。

飞行员：MAYDAY MAYDAY MAYDAY, CAP256, fuel emergency due leakage, request priority landing at Shuangliu airport.

管制员：CPA256, roger MAYDAY, turn right direct to IGNAK, report ready for descent, confirm endurance?

飞行员：The FMC shows we have 40 min fuel remaining, it's still leaking, so we declare fuel emergency, CPA256.

管制员：CPA256, roger that, cleared direct to ZUUU.

（2）放油。

飞行员：Chengdu, CPA256, we encountered a bird strike, NO.2 engine flame out, we requested return to land, but we need dump fuel first, requested fuel dumping clearance.

管制员：CPA256, roger, turn left heading 270 to dumping area, confirm how many minutes you need for dumping?

飞行员：CPA256, we need 10 min.

管制员：CPA256, hold at 200 radial of WFX at 40 n mile DME fix, inbound track 180, outbound time 1.5 min, left hand pattern.

飞行员：Chengdu, CPA256, we are ready for dumping.

管制员：CPA256, cleared to dump fuel, report dumping completed.

（3）最低油量。

飞行员：Chengdu, CPA256, is there still any landing at the airport?

管制员：CPA256, there's no landing aircraft until now, MET told us the CB will last at least 30 min on final.

飞行员：Roger, we can wait 60 min, CPA256.

管制员：CPA256, continue left orbit, keep me advised.

(30 min later)

飞行员：Chengdu, CPA256, how about the weather now?

管制员：CPA256, the weather on final is still unstable, check your fuel and report your intention.

飞行员：We decided to divert to Chongqing, but our fuel is at minimum.

管制员：CPA256, confirm declare minimum fuel?

飞行员：CPA256, affirm.

管制员：CPA256, report your endurance.

飞行员：We have 40 min, CPA256.

管制员：CPA256, roger that, direct to ESPEG.

3. 通信失效

关键字：分辨失效类型。

1）单向通信失效

（1）航空器能收不能发。

当尝试了应急和备份频率、选呼及转报等通信手段后依然无应答，但航空器可以根据管制员的指令做出动作，可以判断为能收不能发。处置原则为尽量为该机配备更大的水平间隔和垂直间隔，此外预估机组可能采取的措施（继续往前飞还是就近备降）并做好配合。另外，可以尝试通过航空器运营人联系机组，了解机组意图并转发管制指令。

示例：

管制员：CPA256, continue to climb and maintain S1010.

管制员：CPA256, Chengdu control.

管制员：CPA256, if you read, squawk IDENT.

飞行员：（应答机识别）

管制员：CPA256, ident observed, we can't receive any read back, check your transmitter.

飞行员：（仍然没回应）

管制员：CPA256, it seems to be some problem with your transmitter, there is no traffic around you, and be caution monitor on this frequency all the time.

（2）航空器能发不能收。

机组长时间收不到管制指令可能会更改应答机为7600。管制员要不间断盲发，同时注意抄收机组意图和需求，根据机组报告进行调配。

示例：

飞行员：Chengdu, CPA256, request descent.

管制员：CPA256, descend and maintain 5 400 m.

飞行员：Chengdu, CPA256, request descent!

管制员：CPA256, descend and maintain 5 400 m!

飞行员：Chengdu Chengdu, CPA256!

管制员：BOX512, Chengdu, please try to call CPA256 on this frequency, he may get some problem with receiver.

飞行员：CPA256, this is BOX512.

飞行员：Chengdu, still no reply, BOX512.

管制员：（选呼）

飞行员：Chengdu, this is CPA256, transmitting blind, we probably encountered receiver failure, squawk 7600, we decided to continue flight to ZUUU, and we are descending now, expect 5 400 m by IGNAK, we need priority landing.

（3）双向通信失效。

双向通信失效严格按照《应急手册》处置，管制员原则上应指挥其他航空器避让，空中转报，持续盲发，监视航班动态，预估机组可能采取的机动提前配合。

通信盲区示例：

管制员：CPA256, contact Chengdu on 133.65.

飞行员：（无回应）

管制员：BOX512, please relay a message to CPA256.

飞行员：Go ahead, BOX512.

管制员：BOX512, please ask CPA256 to contact Chengdu on 133.65.

飞行员：（转报）

飞行员：Chengdu, CPA256 has copied, BOX512.

判定为台站或信号盲区。

4. 航空器失火

1）关键字

（1）听清是明火、烟雾还是警报。

明火关键字：on fire，open flame。

烟雾关键字：smog，smoke。

警报关键字：warning light，detected，suspect，indicated。

（2）听清失火部位。

Engine, cabin, cargo hold, cockpit, lavatory, baggage rack, cargo compartment, wheel well.

（3）听清机组需求。

Divert/alternate, return, fire truck, emergency descent, emergency evacuation.

2）示例

飞行员：Chengdu, CAP256, the fire warning light at the cargo hold is on, and the smell of burning rubber fills full of cabin, we suspect somewhere is on fire, request descent.

管制员：CPA256, descend and maintain 3 600 m, report your intention.

飞行员：Descend to and maintain 3 600 m, and standby for intention, our attendant is on the way for check, CPA256.

管制员：CPA256, roger, keep me advised.

飞行员：Chengdu, CPA256, the situation is under control now, there was a fire in the cargo compartment and already be put out by crew members, but we don't know the reason of fire, so we decided to alternate at Chengdu.

管制员：CPA256, roger, direct to IGNAK, and do you need any additional assistance?

飞行员：We need priority landing and emergency evacuation after landing, dense smoke spread all over the cabin.

管制员：CPA256, roger, now heading 320, direct to final of 02L, contact approach on ××, good day!

以上四种情况是最为棘手的特情。对于这些特情，最重要的是获取关键信息，只有弄清楚了原因和情况，才能更好地应对处置；只有了解清楚机组需求，才能更好地提供保障服务。

5. 常用例句

1）特情发生部位和对飞行影响

管制员：××，证实具体故障和对飞行的影响。

2）目前状况及意图

管制员：××，报告飞行状况和意图。

3）落地需求

管制员：××，落地后有什么需求？

4）其他服务需求

管制员：××，还需要其他帮助吗？

5）掌握机上人数和有无危险物品（优先通过运营人了解）

管制员：××，报告机上人数和危险物品信息。

（三）特情通用通话模板

1. 判别特情种类

管制员：Report the nature of the situation.（报告特情性质。）
管制员：××, roger (MAYDAY, PAN PAN, ××故障).

2. 组织有影响航班避让

管制员：××, turn right/left immediately heading 180 due traffic/emergency.

3. 确保通话不被打扰

管制员：All stations, stop transmitting, MAYDAY/emergency traffic in the area.（空中机组保持无线电静默，区域内有特情。）

4. 报告目前情况

管制员：Report current situation. /How is it going so far?（报告当前情况。

/目前情况如何？）

5. 了解对飞行的影响

管制员：What's the influence on flight?（对飞行有什么影响？）

6. 了解机组需求

管制员：What help do you need? /What's your intention?（你需要什么帮助？/你有什么意图？）

管制员：Do you need any additional assistance?（你还有其他需求吗？）

三、告警类通话

（一）相似航班号提示（SM）

1. 无须相互通报航班号

（1）无论通报得多么到位，机组也有概率出错。
（2）专门通报后，反而可能引起机组潜意识混淆。
（3）区域内存在超过两机的相似航班号，通报时过多占用波。
（4）在逐个向机组通报"有相似航班号"时，已经呼出了对方航班号。

在发关键指令时，对于极度相似的航班号，建议单独叫出所需航班，再发指令。

示例：
管制员：CES2360（重读"6"），注意区域内有相似航班号。
飞行员：收到，CES2360。
管制员：CES2350（重读"5"），注意区域内有相似航班号。
飞行员：收到，CES2350。

（二）TCAS（机载防撞系统）告警

1. 示例

机载防撞系统在可能产生相撞前大约 15～35 秒触发 RA 告警。
飞行员：成都，××，TCAS 上升了。
管制员：××，收到，按 TCAS 做，冲突解除报。
一旦机组报告 TCAS 上升或下降，则管制员不再对间隔负责。

2. TCAS 告警触发条件

（1）两机飞行趋势有重叠的可能性。
（2）两机的垂直速率之和大于两机预期建立的高度差。

从图 3.1 中可以看到，当 TAU 为 20～48 秒时，触发 TA；当 TAU 为 15～35 秒时，触发 RA。

两机接近率根据实际的飞行轨迹和上升下降率决定。以正相对为例，若两机准备配备 300 米高度差，则总垂直速率不能大于 1 000 英尺/分，以此类推 600 米为 2 000 英尺/分，900 米为 3 000 英尺/分，否则易触发 TA 告警。

在通话中应做好相关活动通报，例如：

管制员：××，上到 S1010 保持，注意观察正前方 70 公里有高高度相对。

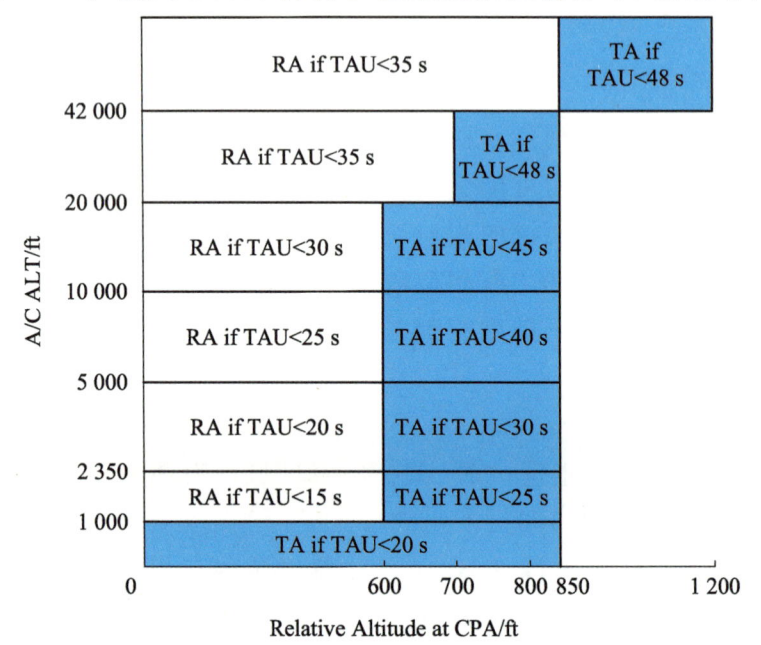

图 3.1　TCAS 告警触发条件

（注：A/C 为航空器；ALT 为飞行高度；TAU 为到最接近点的时间；RA 为决断咨询；TA 为交通咨询；CPA 为最接近点）

（三）偏离指令高度告警（LB）

1. 红色 LB 告警

机组调表高度与雷达标牌 CFL 不一致，出现红色 LB 告警。当发现红色 LB 告警时，应根据空中情况第一时间发布高度指令（保持或改变高度），如果需要应立即进行冲突解脱，处置完成后再向机组证实高度设置情况。

示例：

管制员：××，注意保持高度 S1010，证实高度设置情况，系统显示你下发的高度和许可高度不一致。

管制员：××，继续上到 S1010 保持。

管制员：××，立即右转航向 030，注意观察 11 点钟方向有低高度活动。

2. 黄色 LB 告警

机组突破指令高度或高度改变较慢会引发黄色 LB 告警。我们应该及时地提醒机组或重新发布高度指令，并根据情况进行冲突解脱，避免引发飞行冲突。

示例：

管制员：××，继续上到 S1010 保持/下到 S0720 保持。

管制员：××，立即停止上升，保持高度 S0950，有高高度相对。

管制员：××，注意上到 S1010 保持，上升率不小于 1 000 英尺/分。

（四）航班号不一致告警（CS）

当机组 FMC（飞行管理计算机）里输入的航班号与标牌上的航班号不一致时，会出现该告警。该告警比 SQ（应答机不一致告警）的准确性更高，如果 CS 告警与 SQ 告警同时出现，需要我们给予高度重视。

1. 单 CS 告警

严格雷达识别三要素，如果确定航班无误，可以将标牌手动分离，进一步观察 ADS-B 或 S 模式雷达显示的航班号是否与标牌航班号一致。如果 ADS-B 或 S 模式雷达显示的航班号格式不正确，须指令机组更改为 FMC 中的航班号以消除告警；如果 ADS-B 或 S 模式雷达显示的航班号格式正确，但却与标牌上的航班号不一致，那么很有可能错误关联了标牌，须立即查证（向机组和上一管制单位）。

管制员：××, please re-enter your aircraft identification in FMC, there's an alert on my system.

飞行员：I've already re-entered call sign, how about now?

管制员：××, it's correct now.

大部分 CS 告警的原因是机组在执飞前输入 FMCDU 中的航空公司代码是 SITA 两字码，而非管制指挥使用的 AFTN 三字码。

2. CS 与 SQ 同时显示

如发现 CS 与 SQ 告警同时出现，那么要引起高度重视，很有可能出现套错标牌的情况。助理席应立即电话询问上一管制单位，核实航班号、应答机、高度等信息。管制席也应及时询问机组，使用两种以上不同方法做好雷达识别工作。

管制员：证实应答机 5123，9 200 米保持的是××航班，从××到××的？

四、空中等待

（一）名词解释

空中等待：等待飞行许可的航空器，在一个特定空域内所做的机动飞行。空中等待是实时流量管理的一种策略，包括使用预定（公布或未公布）等待程序等待、盘旋等待、雷达引导等待。

等待程序：等待飞行许可的航空器，保持在一个特定空域内的一种预定的机动飞行程序。等待程序包括在《中华人民共和国航行资料汇编》和《国内航空资料汇编》中公布的等待程序，以及管制单位尚未公布的、供管制指挥调配的等待程序。

（二）空中等待的基本方式及特点（见表3.1）

表 3.1　空中等待的基本方式及特点

等待方式	灵活性	管制员工作负荷	对其他航班的影响	可靠性
等待程序（公布）	低	低	小	高
等待程序（未公布）	高	中	小	中
空中盘旋	中	中	大	较低
雷达引导	高	高	中	中

原则上，流量管理单位和管制单位应优先选择等待程序（公布或未公布）进行空中延误，但当等待需求较小或使用等待程序有困难时，亦可采取雷达引导或指定位置空中盘旋的方式。

（三）优缺点分析

1. 盘旋等待

优点：（1）管制指令简洁、方便；（2）灵活性强。

缺点：（1）易产生新的冲突；（2）不易控制飞机的航迹，飞机航迹受高空风、速度、高度以及机组操作的影响大；（3）增加管制员的监控负荷。

2. 公布的等待程序

优点：（1）管制员能够准确地掌握飞机的航迹；（2）航图可见，机组易掌握。

缺点：（1）使用灵活性偏差；（2）需等待时，受航空器的位置以及空域可用情况等影响；（3）受雷雨等天气因素影响。

3. 未公布的等待程序

优点：（1）管制员能够准确地掌握飞机的航迹；（2）灵活性强，可让航空器在任意位置进行等待。

缺点：管制指令烦琐，须向机组指定等待定位点位置、等待高度、入航航迹、转弯方向、出航时间、等待时长等要素。

（四）通话用语

1. 管制员指挥飞机原地盘旋等待

××，由于（原因），在当前位置右/左转盘旋等待，预计延误××分钟。

××, due (reason), make a right/left orbit, expect ×× min delay.

2. 管制员指挥飞机到某一个公布的等待程序作标准等待

××，可以飞往（等待定位点）等待，保持（或上升到，或下降到）高度，按公布程序等待，预计进一步许可（时间）。

××, cleared to (fix), maintain (or climb to, or descend to) (level), hold as published, expect further clearance at (time).

3. 管制员指挥飞机在当前位置做标准等待

××，保持高度 7 500，在当前位置做标准等待，入航航迹 360，出航时间 1.5 分钟，右航线，预计下一步许可时间 25 分，因为终端区拥挤。

××, maintain 7 500 m, hold at present position, inbound track 360, outbound time one and half minutes, right hand pattern, expect further clearance at 25, due terminal congestion.

4. 其他用语

（1）按公布的等待程序等待。

Hold as published.

（2）预计等待××分钟。

Expect delay ×× min.

（3）右/左航线。

Right/left hand pattern.

（4）入航航迹××。

Inbound track ×× degrees.

（5）出航时间××分钟。

Outbound time ×× min.

（6）修正（预计延误时间）。

Revised.

（7）请求等待指令（机组不清楚等待程序时）。

Request holding instructions.

（8）取消等待。

Cancel holding.

（9）右/左盘旋（一圈）。

Make a right/left orbit; Make an orbit right/left; Make a three sixty left/right.

五、试飞校飞通航保障

（一）术语和定义

通用航空：指使用民用航空器从事公共航空运输以外的民用航空活动，包括从事工业、农业、林业、渔业和建筑业的作业飞行以及医疗卫生、抢险救灾、气象探测、海洋监测、科学实验、教育训练、文化体育等方面的飞行活动。

试飞：为了完成航空器、发动机、机载设备及机上各系统在真实的飞行环境条件下进行的各种试验而进行的飞行活动。

校飞：为了保证飞行安全，使用装有专门校验设备的飞行校验飞机，按照飞行校验的有关规范，检查和评估各种导航、雷达、通信等设备的空间信号的质量及其容限，以及机场的进、离港飞行程序，并依据检查和评估的结果出具飞行校验报告的飞行活动。

（二）注意事项

（1）作业前，确定通航任务作业区范围、高度、飞行时间、飞行方式、作业性质等。

（2）作业过程中，明确作业高度范围，若需改变，必须征得管制单位同意后，方可执行。

（3）通航任务若使用仪表飞行，为其与区内其他航空器之间配备雷达水平间隔，如有必要，可以对通航航空器进行雷达引导，并指令其每隔一段时间报告作业状态。

（4）通航任务若使用目视飞行，注意提醒其保持目视飞行，并指令其每隔一段时间报告作业状态。

（5）航空器作业完成后，明确返回方式、高度等。

（6）如果通航任务由通航公司自己负责指挥，那么管制员不需要对其间隔负责，但须密切监控其动态，确保其在批复空域范围内作业。

（三）实例详解

1. 样例一

1）说明

CFI041 执行天府机场导航台的校飞工作，计划沿 ZYG150 度径向线飞行 100 公里，使用高度 6 000 米，测试相关导航台的作用距离。

2）情景

CFI041：成都，CFI041，位置 ZYG，高度 4 500 保持，准备上升至 6 000 保持并开始校飞，沿 ZYG150 度径向线飞行 100 公里。

管制员：CFI041，成都收到，证实现在需要上 6 000，6 000 保持以后开始校飞？

CFI041：对的，现在申请上 6 000，6 000 保持以后开始校飞。

管制席：CFI041，上 6 000 保持，开始校飞报。

CFI041：上 6 000 保持，开始校飞报，CFI041。

CFI041：成都，CFI041 高度 6 000 保持，沿 ZYG150 度径向线飞行，开始校飞。

管制员：CFI041，成都收到，保持高度 6 000，保持航向，作业结束报。

CFI041：成都，CFI041，作业完成，申请返回。

管制员：CFI041，证实左转还是右转。

CFI041：都可以，听你指挥。

管制员：CFI041，现在右转飞 ZYG，高度可以下降吗？

CFI041：右转飞 ZYG，可以下高度，作业已完成，听你指挥，CFI041。

管制员：CFI041，收到，下到 4 200 保持。

3）分析

CFI041 在初次联系时，通报准备上升至 6 000 米保持并开始校飞，存在歧义，管制席随即向机组证实，是上高度的同时开始校飞还是高度保持以后再校飞，明确了机组的作业方式。机组报告作业完成后，及时向机组证实返回方式以及高度安排。

2．样例二

1）说明

SX301 由广汉起飞至西昌附近执行灭火任务，按批复的路线前往，仪表飞行，高度 6 000 米（与进港航空器存在交叉冲突）。

2）情景

SX301：成都区调，SX301 高度 6 000 保持，听你指挥。

管制员：SX301，成都雷达已识别，保持高度。

SX301：收到，保持高度，SX301。

管制员：SX301，由于高度穿越，现在左转航向 180。

SX301：左转航向 180，SX301。

管制员：SX301，穿越完成，右转航向 270，切回计划航路。

SX301：右转航向 270 切回计划航路，SX301。

SX301：成都，SX301，今天天气很好，我申请转为目视飞行。

管制员：SX301，可以转为目视飞行，10 分钟后报告飞行情况。

SX301：可以转为目视，10 分钟后报告，SX301。

SX301：成都，SX301，进入作业区，高度 6 000，现在开始灭火作业。

管制员：SX301，成都收到，10 分钟后报告作业情况。

SX301：收到，10 分钟后报告，SX301。

SX301：成都，SX301，我现在位置左侧 10 海里处有火点，申请航向 180，过去看一下。

（此时机组申请的位置在作业区以外）

管制员：SX301，稍等，需要申请。

……………

助理席：流量席，你好，SX301 在西昌那边又发现了一个新的火点，申请过去看一下，火点在西昌的 030 方位，70 公里左右。

流量席：好的，我马上申请。

（申请同意后）

管制员：SX301，现在可以飞往你刚才报告的火点。

SX301：收到，SX301。

SX301：成都，SX301，到达火点位置，申请右转盘旋观察一下。

管制员：SX301，同意。

SX301：成都，SX301，现在位置有火点并伴有很大的浓烟。

管制员：SX301收到，注意保持目视飞行，我们马上通报相关。

SX301：成都，作业完成，申请返回广汉。

管制员：SX301，同意，按批复的路线返回，证实飞行规则？

SX301：成都，我们是仪表飞行。

3）分析

SX301在联系成都区调之后，因为调配问题，管制员指挥其改变航向飞行。之后，机组申请转为目视飞行，得到管制员同意。机组在作业区灭火时，发现其他火点，于是申请作业区以外的空域。这个时候，管制员需要通报值班领导，并通过流量席向有关部门申请，得到批复后，方可同意其飞往计划外的作业区。由于机组在作业区内申请转为目视飞行，因此在返回时，管制员向机组证实飞行规则。

六、飞错航路

（一）要点阐述

1. 值班过程中关注偏航（RO）告警

自动化系统对于偏离计划航路超出 6 海里（根据当地情况设置）的航空器在计划标牌上方会显示偏航（RO）告警，告警呈黄色常亮状态。值班过程中要求管制员对所有偏航（RO）告警及时处置，对需要改变航迹的航空器，管制员负责对计划航路进行修改，并对航路修改的正确性负责。

2. 先处置，再证实

发现有可能飞错航路的情况时，管制员应立即对航空器进行雷达引导，并向机组简要通报原因，争取机组的理解和配合，雷达引导的方向应不远离正确航路，然后向机组证实其准备的航路情况，做进一步查证。

3. 查证航空器计划航路的途径

对于计划航路存疑的航空器，需要采取一切可行的方法对其计划航路进行查证，查证的途径包括：

（1）通报数据计划室查询相关报文（紧急情况下可边通报边自行查询），包括总调（管调）批复报文和航空公司拍发的 FPL 报（领航计划报）；

（2）向上一管制单位进行证实，查证时注意核实其进区域点，避免因机组灵活选择航路航线而产生错误；

（3）通过陆空通话，直接向机组询问计划航路。

（二）常见问题及分析

1. 对于局方标准掌握不准确

2023 年 11 月 27 日实施的《事件样例》（AC-396-08R3）中规定，飞错航路、飞偏或飞错进离场航线、未正确执行复飞程序并导致其他航空器避让（如调整高度、调整航向、调整航路）的情况属运输航空紧急事件。偏离指定航线（迹）或航路中心线超过 15 公里或偏离指定高度 60 米以上，偏离指定进离场航线 5 公里或 2 倍 RNP 值以上，飞错进离场航线或未正确执行复飞程序属运输航空非紧急事件。中国民航对于"五防"有很高的要求，但国外对于偏离航路航线要求并不严格，而且国外航空公司对中国民航的相关要求并不十分清楚，因此外航机组出现飞错航路航线的概率大大增加。

2. 对容易出现飞错航路的航路点关注度不足

各管制室应对本区域内的重要航路分岔点进行飞错航路风险分析，对于中高风险的航路点应制定相应的风险防控措施。管制员日常工作中，注意用好计划航路预显示功能，对航路走向进行检查，提前发现机组航路掌握不正确的情况。在航路分岔点附近，管制员应密切关注航空器航向变化，以尽早发现飞错航路的情况。

3. 雷达引导不及时

航空器出现飞错航路的情况时，管制员要及时发现并发布雷达引导指令，并告知机组引导原因以争取机组配合。在确认了正确的航路走向之后，管制员还应及时发布更改航路指令或重新发布航路许可。

（三）实例详解

1. 样例一

1）情景

管制员：VIR200, confirm your flight planned route after KWE?

飞行员：Flight planned route is B330, VIR200.

管制员：VIR200, roger. Stand by, we'll check it. Now radar vector turns right heading 140.

飞行员：Turn right heading 140, VIR200.

（查证报文后）

管制员：VIR200, your flight planned route should be W181 according to the FPL/approval message from the CAAC. Re-cleared to VHHH via W181, now direct to IDEPO.

飞行员：Roger, direct to IDEPO, confirm the route after IDEPO? VIR200.

管制员：VIR200, after IDEPO follow W181, and ask the further clearance from Nanning control.

飞行员：Roger, VIR200.

2）说明

在航空器未过分岔点前，管制员怀疑机组掌握了错误的计划航路，于是询问机组后续航路。在确认机组错误掌握航路后，管制员首先对航空器进行雷达引导，随后在查证批复航路后，重新发布了新的航路许可。

3）分析

在航路预显示功能的提示下，管制员在航空器未过交叉点前关注到航空器计划航迹的显示信息与常规航路走向不一致，管制员对此存疑，及时进行了雷达引导。经查证，确认了正确的航路走向后，及时给出正确的航路许可。出现这种情况的原因可能是由于发布的 FPL 与总调的批复不一致，机组按照 FPL 的计划航路进行准备，自动化系统中显示的也是 FPL 中的航路。管制员在日常工作中对中高风险航路点有足够的防控意识，了解如何对比相关报文、如何查证正确的航路走向，能有效地降低此类事件造成的影响。

2. 样例二

1）情景

管制员：ETH684, radar vector turn right heading 260 (due traffic).

飞行员：Turn right heading 260, ETH684.

（查证报文后）

管制员：ETH684, according to your FPL, your flight planned route should be W136 after QNX. A581 between QNX and LPS has become eastward only. Direct to URGIX to join W136.

飞行员：Roger, direct to URGIX to join W136, ETH684.

2）说明

航班已过航路分叉点，管制员观察到航空器已经出现偏离计划航路的情况，查证后发布了正确的航路许可。

3）分析

航空器已通过航路分岔点，管制员观察到航空器航迹线偏离计划航路的情况，此时不管屏幕上是否出现 RO 告警提示，管制员都应在第一时间进行雷达引导，对于航路变更的情况可向机组进行简要说明。（表达单向航路可用 one-way route，但更加推荐例句中同时说明方向的说法，不会引起歧义也不易引发机组进一步的询问。）

七、流控机动

（一）要点阐述

1. 提升沟通技巧，促进地空配合

流量控制发生的原因多种多样，当管制员在工作中需要指挥航空器等待时，应注意以下几个方面：

（1）管制员应当尽早通知机组预计的等待时间，即使暂无明确的等待时间，也应当通知其获取下一管制许可的预计时间；

（2）在条件许可的情况下，管制员应尽量将指挥的意图告知机组，增强机组的情景意识；

（3）管制员应尽早了解机组的需求，统筹安排，避免造成工作被动。

搭建良好的沟通桥梁可以减少误会，增进信任，最大限度争取到机组的理解和配合，有利于空中运行安全。

2. 流量控制实时处置的方法

内容包括：
（1）改变航段；
（2）限制起飞着陆时刻；
（3）限制进入管制区时刻或者限制通过某一导航设备上空的时刻；
（4）安排航空器空中等待；
（5）调整航空器速度等。

根据流量控制要求，当需要安排航空器按照规定间隔有序飞行时，可采用以上方法进行控制。实时流量控制的方法可有效缓解某一航路、某一区域或某一机场的超负荷运行状况。

3. 等待程序应用的管制工作要点

依据《交通运输部关于修改<民用航空空中交通管理规则>的决定》(CCAR-93TM-R6)和《关于加强航空器空中等待程序应用的通告》(AC-93-TM-2014-02)的相关要求，在等待飞行时，管制员应当遵循以下工作要点。

1）管制间隔要点

（1）应合理安排航空器等待高度层，同一等待航线多架航空器同时等待时，慎用 300 米的垂直间隔，同时要安排好航空器进入和退出等待航线的次序。

（2）不得对正在进入或者已建立等待航线的航空器进行水平速度或垂直速度调整。

（3）同一等待航线的航空器之间不得使用雷达水平间隔。

（4）实施空中等待的航空器与其他未实施空中等待的航空器之间必须配备不小于最低间隔标准的水平或垂直间隔。

（5）若相邻等待空域之间水平间隔不满足最低间隔标准，在相邻等待航线上等待的航空器必须配备不小于最低间隔标准的垂直间隔。

2）协调通报要点

（1）管制员应避免跨管制区（扇区）指挥航空器实施空中等待。

（2）航空器空中等待与移交高度存在潜在影响时，管制单位应相互通报。

（3）对于运行在等待航线上的航空器，各单位需加强协调通报，避免对相邻扇区造成影响。

（4）实际运行中应避免同一等待航线上的航空器在不同扇区的波道内长守。

3）等待时限要点

（1）管制员应当在预计航空器加入标准等待程序之前至少 5 分钟通知其等待程序和预计等待时间。

（2）安排航空器空中等待通常不超过 30 分钟。预计超过 30 分钟的，管制员应当了解航空器的续航能力，并尽快通知该航空器预计进近时间或预计更新管制许可的时间；等待时间未确定的，管制员也应当通知该航空器；预计还要等待的，管制员应当通知该航空器尽可能准确地预计等待时间。

（3）指挥航空器退出标准等待程序时，需要有一定提前量，向机组明确退出等待时间以及退出后的航线和高度。

4）使用未公布等待程序的要点

（1）只有实施雷达管制或使用其他监视方式提供管制服务时，可以使用未公布的空中等待程序。

（2）若空中等待程序未公布或机组提出不掌握该程序时，管制员必须指明该等待程序的导航设施或等待定位点、等待高度、转弯方向、入航航迹、出航时间或距离、等待时间，以及进一步预计进近时间或预计更新管制许可时间等要素。

（3）若航空器驾驶员提出不能执行公布或许可的空中等待程序，管制员应发布其他的指令以满足运行要求。

（二）常见问题及分析

1. 发生"错、忘、漏"的风险增大

流量控制的发生通常伴随着飞行流量超标、复杂气象条件、大面积航班延误和其他用户占用空域等复杂运行环境，此时管制员工作负荷大，极易因精力分配不当或忙中出错而导致"错、忘、漏"的发生，日常工作中应引起高度的重视和警觉，以下事项应特别关注：

（1）应全程严密监控因流控机动航空器的飞行轨迹和航行诸元；

（2）应为机动航空器和其他航空器之间留足间隔裕度，配备垂直间隔为首选预案；

（3）当机动的航空器需要改变高度时，应特别注意与其他航空器之间的飞行冲突；

（4）在管制边界附近机动或高低空移交地带附近的机动飞行，要时刻关注相关管制扇区或单位的航空器动态，及时高亮相关雷达标牌以示提醒；

（5）在当前位置等待时，应注意由于机型类别和航空器驾驶员操纵差异，以及高空风的影响，航空器的实际航迹和管制员预期的航迹可能存在偏差；

（6）部分等待指令较长，应注意分段发布以提高指令发布的效率。

2. 对流量控制描述不够准确

因管制员和不同国家飞行员英语水平不一，中文描述有时候限制条件较复杂，比如常会出现"包含（including, included）"或 "不包含（not including, not included, excluding, excluded）"的条件，或指定某些情况"不受限（not affected, exempt, except, exception）"、某些目的地"按一个点计算（treat as one）"等情况，非英语母语的管制员和飞行员在叙述和理解上都可能出现偏差。在实际工作中，要善于总结发布各种限制的用语，用语应简明、扼要、准确，以提高通话效率。

3. 对等待程序上的航空器重视不足

现代航空器可以做到按照经纬度坐标等待，但在等待过程中可能会发生

GPS信号接收不到的情况，此时航空器可能无法完成预定的等待航线。而对于在未公布的等待程序上的航空器，飞行员可能对程序不熟悉，在输入经纬度时也很容易出错。因此管制员在指挥时需要给等待的航空器留足安全裕度，并严密监控处于等待程序飞行的航空器的飞行轨迹和航行诸元，当程序执行出现偏差时，及时进行雷达引导，避免造成冲突。

（三）实例详解

1. 样例一

1）情景

管制员：CCA4301, reduce speed to pass IDEPO at 32, if unable, make a maneuver and advise.

飞行员：Control, estimate IDEPO at 28, it can't be satisfied by speed reduction, CCA4301.

管制员：CCA4301, pass IDEPO at 32, make a maneuver at your own discretion within 10 n mile on both sides of the airway W181.

飞行员：Roger.

(a few minutes later…)

管制员：CCA4301, direct to IDEPO to join route, resume own navigation.

飞行员：Direct to IDEPO, resume own navigation, CCA4301.

2）说明

这是一个需要机组做机动满足过点时间的通话样例，管制员向航空器发布的调速指令带有限制条件，在机组无法满足条件时发布了新的机动许可。

3）分析

调整航空器之间间隔的方法有很多，比如调速、机动、等待程序等，每一种方法都有标准的陆空通话。

另外，在英语通话中注意expect和estimate的区别：

Expect表示管制员要求飞行员预计延误多少时间或者管制员发布下一步许可的预计时间。例如：预计下一步许可时间[expect further clearance at (time)]。

Estimate表示管制员让机组报告或机组自行报告过某个点的时间或者预计起飞、落地时间等。例如：报告过某一点的时间[report estimated time over (poin)]。

2. 样例二

1）情景

管制员：CES5801, expect to delay 35 min due to flow control, report your intentions.

飞行员：Chengdu control, confirm the reason for the delay, CES5801.

管制员：CES5801, it's the flow control about HUY, traffic of landing ZSSS and ZSPD via HUY, treat as one, only 2 aircraft is allowed to pass HUY within 60 min, and the separation should be more than 20 min, due to bad weather in Shanghai area.

飞行员：Roger.

管制员：CES5801, proceed to P378 hold as published, maintain 10 700 m, expected further clearance at 1120.

飞行员：Chengdu control, CES5801, request holding instructions.

管制员：CES5801, cleared to latitude ××°××′××″ north, longitude ××°××′××″ east, maintain 10 700 m, right-hand pattern, inbound track 065°, outbound time one and a half minutes, expect further clearance at 1120.

飞行员：Roger, proceed to latitude ××°××′××″ north, longitude ××°××′××″ east, maintain 10 700 m, right-hand pattern, inbound track 065°, outbound time one and a half minutes, CES5801.

管制员：CES5801, expect to delay more than 30 min due to flow control, report fuel remaining.

飞行员：We have no trouble with fuel, CES5801.

(some minutes later...)

管制员：CES5801, now resume own navigation, direct to HUY.

飞行员：Direct to HUY, CES5801.

2）说明

该通话中包含了流量控制的发布用语，等待程序的发布用语，以及退出等待程序的用语，需要管制员认真学习。

3）分析

前面分析过机组在加入等待程序中可能发生的错误行为，因此管制员在使用"as published"发布加入标准等待程序的指令时，最好明确等待航线的相关要素，避免因执行偏差造成冲突。

八、限制区改航

（一）要点阐述

（1）建立良好的地空沟通关系，提升地空信任，促进相互理解和支持。

由于各种原因需要机组配合改变原计划航路走向时，管制员应向机组简明扼要地说明改航原因。若需要对航空器进行雷达引导时，还应向其说明引导的原因及管制意图，态度诚恳，语气平和，以取得机组的理解和配合。

（2）注意通话技巧，拒绝机组请求时实事求是，增进地空配合。

当航空器有绕飞需求，管制员因空域限制无法同意机组申请时，拒绝机组的请求应当给出合理的理由，不得夸大其词、推诿责任，甚至隐瞒欺骗，语气不可过分生硬，避免产生不必要的误会，提升地空通话效率。

（3）英文通话使用标准用语，避免误解、泄密等情况的发生。

对外籍机组或进行英文通话的机组，应明确需要改变的航行诸元、限制条件，对于长航线的国际航班，应尽可能明确改航需求，关注油量情况，争取机组的理解和配合。

（二）常见问题及分析

1. 对限制区、危险区、禁区等概念混淆

空中限制区（Restricted area）是指位于航路、航向附近的军事要地，兵器试验场上空划设的空间和航空兵部队、飞行院校等航空单位的机场飞行空域。

空中危险区（Danger area）是指在机场、航路、航线附近划设的供对空射击或者发射使用的空间。

空中禁区（Prohibited area）是指禁止航空器飞行的空间，有固定禁区和临时禁区两种。

《交通运输部关于修改<民用航空空中交通管理规则>的决定》（CCAR-93TM-R6）第九十二条规定，按照国家有关规定未经特别批准，任何航空器不得飞入空中禁区和临时空中禁区。

在规定时限内，未经飞行管制部门许可的航空器，不得飞入空中限制区或者临时空中限制区（Temporary restricted area）。

在规定时限内，禁止无关航空器飞入空中危险区或者临时空中危险区。

113

2. 对航迹和航向概念混淆

航迹（Track/Flight path/Trajectory）是航空器实际运行的轨迹，受各种因素的影响和干扰会产生航行误差，航迹一般不会是直线。航空器所在位置的经线北端顺时针测量至航向线的夹角叫作航向（HDG-Heading）。

在高空气流的影响下，航迹和航向存在一定的差别。通常情况下，管制员所发布的指令是指挥航空器改变航向，如果遇到高空气流影响较大时，建议指挥航空器改变其航迹更有助于管制员准确掌握航空器的航行轨迹。

3. 转弯指令发布不完整

管制员向航空器发布转弯指令时，需要明确转弯方向和航向角度，二者缺一不可。发送改航指令时通常需伴随改航原因，若有必要可进行相关活动通报，以助于航空器驾驶员对空中交通情况建立较为清晰的情景意识，更好地配合管制员的调配需求。

4. 伴随偏置指令的改航指令对间隔的影响把握不准确

目前，国内许多航路都需要执行偏置程序，但由于各类航空器机型性能及航司执行标准不同，可能出现航空器自行建立偏置的时间长短不同，比如空客公司的飞机改出的角度较小，建立偏置的时间较长。若对于建立偏置的时间有要求，建议把航向指令和偏置指令结合发布，以便于控制建立偏置的时长。

5. 改航的指令表达不清或面对机组的询问不知如何回答

由于该部分通话没有标准通话可供参考，完全靠管制员临场发挥，如果平时缺少总结和积累，在突然需要使用时，难免支支吾吾、词不达意。

（三）实例详解

1. 样例一

1）情景

飞行员：Chengdu control, CCA101, confirm is there any restriction for weather deviation?

管制员：CCA101, there is no restriction before NIKUN. But you must abeam

NIKUN at the east side of it due to the restricted area.

飞行员：Roger that, CCA101.

2）说明

机组向管制员证实空域限制情况，管制员通知机组在 NIKUN 前无限制，并给定了限定条件。

3）分析

该通话给机组明确了过点的条件，并解释了限制的原因是"restricted area"，方便机组了解空域条件，减少了机组再次证实过点条件的通话，提高了频率使用效率。

2. 样例二

1）情景

管制员：CCA101, Chengdu control, radar vector turn right heading 300 offset 30 n mile due to local traffic.

飞行员：Chengdu control, how many minutes will we continue this deviation? CCA101.

管制员：CCA101, continue the offset until abeam ASH to avoid the restricted area, advise if unable.

飞行员：We request alternate ZUUU for fuel shortage.

管制员：Roger that, you are cleared to alternate ZUUU.

2）说明

管制员发布改航偏置指令，机组对偏航时间进行证实，管制员向机组通报偏航需求后，机组决定备降成都，管制员同意备降请求。

3）分析

首先，管制员发布的改航偏置指令伴随航向指令，有助于控制建立间隔的时长。其次，此处用了"local traffic"，而不用"military activity"，避免泄密。另外，首次发布改航指令时，管制员没有通报改航需要持续的时间，造成飞行员二次通话证实，机组报告备降请求后，管制员还应对备降的情况进行处置，此处不做具体描述。注意几个关键词的使用：备降（alternate airport）；绕航/偏航（deviate/detour/circumnavigate/go round/avoid）。

04
第四章
助理席通话技巧

一、助理席常规通话

（一）总体原则

1. 严肃性

助理席移交通报协调时不得谈论与管制工作无关的事宜，要控制好情绪，不能代入个人喜好，不能因私人关系影响管制工作的总体顺畅，要按照管制工作实际需要进行协调。

2. 标准性

管制移交通报和协调的中英文通话用语必须遵守《空中交通无线电通话用语》的发音规则，语言应严谨，避免歧义。

3. 简洁性

助理席移交通报协调用语应简洁、明了，避免拖沓，杜绝使用诱导或误导性的语句。

4. 准确性

助理席移交通报协调时要完整准确地将信息传递出去，同时，收到信息时能够完整准确地传递给应收席位和单位，避免信息失真和出现"错、忘、漏"。

5. 时效性

助理席收到实时性很强的信息要尽快将信息传递出去，否则，传递的信息可能会失去效力，甚至导致不好的结果。

6. 有效性

助理席作为协调移交方，需通过复述等方式确认对方已有效接收到正确、完整的信息；作为接收方，同样应向对方确认已收到相关信息。这样做的好处在于一方面完成了信息的闭环传递，另一方面进行了重要信息的交叉检查。

（二）通话要点

1. 移交方通话结构

移交方在电话接通后首次通话应采用的通话结构为：对方单位呼号+（你好）+（我是）+己方单位呼号+内容提示+（具体通话内容）。

2. 接收方通话结构

接收方在电话接通后首次通话宜采用的通话结构为：对方单位呼号+（你好）+（我是）+己方单位呼号+请讲。

3. 重要信息复诵

助理席对移交协调中的重要信息和关键要素进行复诵，不能简单地回复"好的""收到""可以"等，同时要做好必要的记录。

4. 礼貌礼节

助理席协调的过程中，既代表管制员个人，也代表所属部门或单位，因此在协调时应当保持应有的礼貌礼节。例如：初始通话加上"你好"，通话结束加上"再见"等。这样做的好处有两点：一是有礼貌的通话，会使对方感到舒适，有利于提升协调的顺畅度；二是有明确的开头和结尾，能让对方明确知道对话已经开始或已经结束。

（三）常见问题

1. 没有问候语

打电话没有问候语，拨通电话不问好，接通电话也没有应答，导致双方以为电话还没接通；完成一次协调也不说结束语，直接挂断电话，导致对方还有内容想协调就被挂断了。

2. 取消移交不打电话

移交位置报后，更改预案不再向其移交时，为图省事不向对方重新打电话取消移交，导致接收方不明所以，影响后续预案制订。如果遇到不太确定的移交时，建议可以设定时限或位置，如果超过约定的时限或位置就自动取消移交。

3. 抄收信息不复诵不记录

接收协调信息的时候，没有做好记录准备，也不复诵对方通报的内容，接完电话靠记忆进行后续通报。这样容易造成信息遗漏缺失，传递过程中也会因为多次重复而进行不自主的信息加工，进而出现信息失真。

4. 接打电话时机不合适

助理席往往看到电话响起就会迫不及待地想接起电话，一有事情需要协调就会第一时间打电话，而不管此时空中是否有重要通话或有动态需要监控。有多个事项需要协调时，往往急切地想要尽快完成电话协调，而没有综合考虑空中监控、与管制席交流、设备操作等其他事项的优先级，来决定电话协调的时机。

5. 没有明确协调结果

双方协调后，没有将结果明确说出来。移交方认为对方没有拒绝就是同意了，接收方认为我没有同意就是拒绝，导致协调之后双方执行起来出现分歧和不畅。因此，在协调电话中，不管是移交方还是接收方，都应该将协调结果明确说出，同意还是不同意、有没有附加条件或限制，这样就不存在"想当然"带来的误解，电话录音也可以作为佐证。

（四）移交通报协调用语例句

1. 移交用语

1）常规移交

（1）要点说明。
航空器五要素：航班号、移交点、移交点时间、高度、应答机编码。
（2）用语实例。
接收方：成都你好，（我是）昆明，请讲。
通报方：昆明你好，（我是）成都，移交南方6800，P249时间0200，高度 9 800，应答机 6315。

接收方：收到，南方 6800，P249 时间 0200，高度 9 800，应答机 6315，再见。

2）偏航移交

（1）要点说明。

首先指明航班位置，必要时告知应答机，便于对方快速找到航班；其次要说清楚机组的偏航意图。

（2）用语实例。

接收方：成都你好，（我是）广州，请讲。

移交方：广州你好，（我是）成都，移交国航 4307，当前位置 P293 西南面 60 公里，应答机 2314，高度 8 900，天气原因，预计保持航向 085 飞 80 海里。

接收方：看到了，国航 4307，高度 8 900，航向 085，没影响联系××（频率）。

移交方：好的，联系××（频率），再见。

2. 通报用语

1）位置报变更

（1）要点说明。

当接收方管制单位与本扇区有多个移交点时，应指明具体的移交点，方便对方快速找到航班。

（2）用语实例。

接收方：成都你好，（我是）昆明，请讲。

移交方：昆明你好，（我是）成都，更改高度，移交点 URGIX，东方 5332，移交高度改为 10 400。

接收方：收到，东方 5332 高度改为 10 400，再见。

2）航空器特情

（1）要点说明。

信息传递要有依据，如实、准确地转述机组报告的情况，明确机组需求，不变形、不走样。

（2）用语实例。

①样例一。

接收方：成都你好，（我是）贵阳，请讲。

通报方：贵阳你好，（我是）成都，通报一个特殊情况。南方3101，机组报告机上有乘客昏迷，申请优先落地，落地后需要医生和救护车。

接收方：收到，南方3101机上有乘客昏迷，申请优先落地，落地后需要医生和救护车，可以直飞KWE。

通报方：收到，可以直飞KWE，到高度移交给你。

接收方：好的，再见。

②样例二。

接收方：成都你好，（我是）贵阳，请讲。

通报方：贵阳你好，（我是）成都，通报一个特殊情况。深圳9403，SUMUN北10公里，应答机6312，机组报告座舱失压，申请紧急下降到4 000以下，已经指令下降3 900了。

接收方：深圳9403，座舱失压紧急下降，正在下3 900。我这没影响，到移交高度正常给我。

通报方：好的，到达移交高度脱波给你，再见。

3）天气偏航

（1）要点说明。

说明偏航意图，证实有无冲突或影响，明确管制权限。

（2）用语实例。

接收方：21扇你好，（我是）23扇，请讲。

通报方：23扇你好，（我是）21扇，通报一个偏航情况。南方3298，在UGUGU北30公里，预计保持航向160再飞40海里靠近扇区边界，有没有影响？

接收方：23扇没有影响，暂时不用联系，有进一步偏航再协调。

通报方：收到，请关注动态，再见。

4）特殊运行情况

（1）要点说明。

客观阐述特殊运行情况，并清楚说明对飞行的影响和对对方的要求。

（2）用语实例。

①样例一。

接收方：成都你好，（我是）广州，请讲。

通报方：广州你好，（我是）成都，通报一个特殊运行情况，CSN3507 在长沙区域报告 GPS 故障，机组报告已经恢复正常，没有其他需求，请关注后续飞行情况。

接收方：收到，CSN3507 GPS 故障已经恢复，无其他要求，再见。

②样例二。

接收方：成都你好，（我是）广州，请讲。

通报方：广州你好，（我是）成都，通报一个特殊运行情况，南方 3298，现在位置 LAGEX，10 100 保持，刚刚脱波时该机组没有回复，麻烦在你们频率里尝试联系一下，如果联系好了给我回个电话。

接收方：收到，尝试联系一下南方 3298，联系好了给你说。

通报方：谢谢，再见。

接收方：再见。

5）设备特殊情况

（1）要点说明。

说明设备具体情况，发布相关要求和限制。

（2）用语实例。

①样例一。

接收方：成都你好，（我是）广州，请讲。

通报方：广州你好，（我是）成都，通报一个设备情况。由于××频率卡阻，我方频率改为××。

接收方：收到，广州频率改××，再见。

②样例二。

接收方：成都你好，（我是）广州，请讲。

通报方：广州你好，（我是）成都，通报一个设备情况。由于成都雷达故障，现在转为程序管制，ELKAL 方向暂时不接收航班，具体时间等待进一步通知。

接收方：收到，由于雷达故障，ELKAL 方向暂不接收航班，如有恢复接收航班时间请及时通知我。

通报方：好的，再见。

6）天气情况

（1）要点说明。

按照气象部门发布的信息进行原话转达，不带主观臆断和猜测。

（2）用语实例。

接收方：南宁你好，（我是）成都，请讲。

通报方：成都你好，（我是）南宁，咨询一下天气信息，区域内有航班想了解双流机场的起降情况。

接收方：好的，稍等，我证实一下回复你。

（证实清楚后）

接收方：成都你好，（我是）南宁，请讲。

通报方：南宁你好，（我是）成都，双流机场因雷雨覆盖，目前无航班起降，根据气象部门通报，雷雨预计持续60分钟。

接收方：收到，雷雨覆盖预计持续60分钟，我向机组转达，谢谢，再见。

通报方：不客气，再见。

7）活动限制

（1）要点说明。

其他用户活动时证实清楚相关限制要求，将自己掌握的限制、动态向周边通报清楚。另外，高度限制信息的传递方式应尽量规范、简洁，减少或者不用类似"××高度（不含）以上/以下不可用"的双重否定表达方式，应突出可用高度层，如"××高度（含）以上/以下可用"，避免传递过程中的误听和误解。

（2）用语实例。

①样例一。

接收方：××你好，请讲。

通报方：成都你好，××，通报信息。

通报方：××准备10点开飞，提前半小时开始避让。

接收方：收到，北京时0930按××开飞掌握，证实多高以上可以自行掌握？

通报方：9 500（不含）以上可以自行掌握。

接收方：收到，9 500（含）以上可以自行掌握。

通报方：不对，我换一种说法，9 800（含）以上可以自行掌握。

接收方：哦，明白了，9 800（含）以上可以自行掌握。

通报方：正确，再见。

②样例二。

接收方：23扇，请讲。

通报方：22扇，23扇，5201P在P579南50公里，应答机××，高度9 800，一批两架，按照上下××避让。

接收方：收到，5201P，应答机××，高度 9 800，一批两架，按照上下××避让，雷达看到了。

8）查证航班信息

接收方：成都你好，（我是）南宁，请讲。

通报方：南宁你好，（我是）成都，查证一个航班信息，证实 UAE9881 是否具备 RVSM 能力？

接收方：UAE9881 具备 RVSM 能力。

通报方：具备 RVSM，收到，再见。

3．协调用语

1）航班的常规协调

（1）要点说明。

说明需要协调的事项和原因，用语简洁明了。

（2）用语实例。

①样例一。

接收方：成都你好，（我是）广州，请讲。

通报方：广州你好，（我是）成都，协调一个高度，南方 3681 申请高度 10 100，其他高度层被占用了。

接收方：南方 3681 高度 10 100 同意。

通报方：收到，南方 3681 可以用高度 10 100 移交，谢谢，再见。

接收方：再见。

②样例二。

接收方：成都你好，（我是）昆明，请讲。

通报方：昆明你好，（我是）成都，由于冲突，请将东方 2486 高度换成 11 000 给我。

接收方：收到，东方 2486 高度改为 11 000 给你。

通报方：正确，谢谢，再见。

接收方：再见。

2）返航备降

（1）要点说明。

由于天气原因引起非紧急情况备降，助理席需通过流量席向有关部门通报，在向外区移交时说明备降的原因、起飞机场、备降机场及机型，同时注意提醒航路。需要注意的是，一个城市有多个机场的情况下，要明确备降机场名称，不能只说城市名，否则容易造成误解。

（2）用语实例。

①样例一。

带班：21扇，请讲。

通报方：带班，21扇，通报备降信息，CBJ5178，现在位置UGUGU，由于广州天气，决定备降惠州。

带班：收到，CBJ5178由于广州天气备降惠州，注意做好特殊移交。

通报方：收到。

（向区管流量席通报）

接收方：四室你好，请讲。

通报方：流量席你好，四室。CBJ5178，现在位置UGUGU，由于广州天气，决定备降惠州，机组从UGUGU直飞SJG进入广州区域，请通知计划室拍发CPL报。

接收方：收到，CBJ5178广州天气备降惠州，直飞SJG出区域。

（向广州移交）

接收方：成都你好，广州，请讲。

通报方：广州你好，成都，移交动态，CBJ5178，西安到广州，现在位置UGUGU，由于广州天气，决定备降惠州。

接收方：CBJ5178西安到广州，天气原因备降惠州，收到。

通报方：CBJ5178当前位置直飞SJG，SJG时间0200，高度8 900，应答机5101。

接收方：CBJ5178直飞SJG，SJG时间0200，高度8 900，应答机5101，收到了，再见。

②样例二。

接收方：重庆你好，请讲。

通报方：成都你好，重庆，移交一个备降航班TBA9929，拉萨到达县，由于达县雷雨备降成都。

接收方：证实是备降双流还是天府。

通报方：备降天府。

接收方：收到，备降天府，再见。

二、协调与拒绝

协调从词面上看就是协商、调和之意，协调的本质在于解决各方矛盾，使整个组织和谐一致，使每个部门、单位和组织成员的工作同既定的组织目标一致，使人员在其职责范围内或在授权下，调整和改善组织之间、工作之间、人员之间的关系，促使各种活动趋于同步化与和谐化，为组织正常运转创造良好的条件和环境，促进组织目标实现。

（一）如何提高协调的成功率

1. 给予尊重，寻求协作

协调是打破常规程序，达到有益于己方目的的过程，可能会增加接收方的工作压力。求人办事与信息通报不同，成功与否全在接收方一念之间，适当的示弱不仅能表达对接收方的尊重，同时也能满足对方的成就感，为后期的协商营造良好的氛围。因此，在协调过程中，应当实事求是表达自己的困难，提出运行中确实需要协助的地方。

心理学上有个概念叫"损失厌恶"，意思就是帮助我做这个好事，你可以得到"当好人、做好事、我欠你人情"的心理满足，一般人是不会愿意损失掉这个美誉的。除此之外，我们自身也应努力有更多的担当，平时主动提出可以帮助到对方的举措，互帮互助，建立良好的协作氛围。

具体话术为多使用敬语，比如"你好""有个事儿需要您帮忙""非常感谢""给你添麻烦了"等。

2. 知己知彼，应对有据

每次协调前需要明确自己需要达到的目标或效果，做到有的放矢。协调方案的制定，应建立在对对方底线认知的基础上，对对方的空域结构和运行模式越清楚，结合自身需求提出的方案就越容易被人接受。相反，对对方情况不了解的话，很有可能提出的协调方案对方完全无法执行，自然也就没有成功的可能。因此，协调不仅是看你要什么，还要看对方能给你什么，是双方相互妥协所达成的一致结果。多帮助对方考虑，"比如我给你交这个高度，你这边应该影响不大，你也方便，你看行不行？"目的就是让别人觉得你不只是在为自己考虑，也在为对方考虑。

通话样例：

管制员：广州，你好，成都，我想协调××航班使用非协议高度 10 100 移交，我看 W102 上 10 100 并没有占用，你看方便不？

管制员：广州，你好，成都，协调××与××小间隔移交，我看 P234 方向上没有过去的航班，你看方便接收不？

3. 准备多套可选方案

在日常工作中，向对方提出协调方案时通常是给出选项，让接收方进行权衡比较，而不是摆出困难，让对方来思考应该怎么做。这样往往可以让我们在整个协调过程中占据主导地位，控制协调节奏，引导后续走势。同时第一次提出协调方案被否定的可能性非常大，因为第一方案通常是移交方站在自身立场上提出的最为有利且最便捷的方案。但对于接收方而言，他可能需要付出过高的成本，与生俱来的自我保护意识会促使他抵触该方案，最终导致协调失败。因此，在开始协调前就应该准备至少两套可行方案，并且两套方案之间要有一定的层次梯度，这样当第一方案被拒绝后能迅速提出第二方案。由于接收方刚刚否定了第一方案，再次否定第二方案可能不利于双方后续协作，此时若第二方案带来的困难相对较小，则协调的成功率会大大提升。

通话样例：

管制员：广州，你好，成都，想向你协调一个非协议高度，你看 9 500 或者 10 100 哪一个比较方便？

管制员：9 500 不行对吧，那您看 10 100 或者 10 700 怎么样？8 900 确实颠簸。（建议）

管制员：广州，你好，成都，你看××航班什么高度给你合适？（不建议）

4. 寻求认同感

当向接收方协调时，尽量将自身的困难处境描述清楚，我们协调的对象都是管制员，因此你当前所遇到的困难也是别人未来可能遇到的困难，让接收方感同身受地体会到你的难处，有助于建立共情，从而使接收方愿意为你提供帮助。当接收方对你表述的困境感同身受时，他会在心里权衡，到底是你的困难大还是他同意协调方案所带来的困难大，如果你面临的困难远远超过他同意协调方案所带来的困难，那么接收方也会心甘情愿地帮你一把。

通话样例：

管制员：广州，你好，成都，你看 9 500 或者 10 100 协调一个给我们使

用如何？8 900 以下的高度都报告中度颠簸，有的机组反映高度保持都困难了，确实是没有办法。（建议）

管制员：广州，成都，××航班 8 900 颠簸上 9 500 了，待会儿 9 500 交给你。（不建议）

5. 帮助他人可以获得帮助

管制协调工作究其核心是与人沟通交流的过程，你日常协调工作的风格也将决定周边单位对你的态度。日常工作中，越是与人为善、乐于帮助周边单位的管制员，当需要周边单位配合时，就越容易得到他人的帮助，越容易创造双赢的局面。平时工作中，能依靠自身解决的问题，就不轻易麻烦周边单位，这样当你向周边单位提出请求时，就更能反映出你的急迫性，周边单位也会更加愿意帮助你。这就是部分管制员不论在何种处境中，都能协调得游刃有余的秘诀。

通话样例：

管制员：广州，成都，××航班直接过来就行了，如果有要求我来调，都是兄弟单位互相帮扶是应该的，下次如果我们遇到困难还要麻烦你。

（二）拒绝与被拒绝

1. 如何应对被拒绝

在协调过程中，被拒绝始终是一件让人感到挫败和不悦的事情。因此，如何提高协调成功率和如何降低被拒绝带来的不适感，是我们需要研究和掌握的技巧。

作为协调方，当我们被拒绝时，有以下方面需要注意：

（1）首先，要抑制不悦的情绪，不要主观臆断对方的行为，恶意揣摩对方意图，没有谁会故意针对你，拒绝总是因为他们也有难处。

（2）其次，重新评估当前形势，是否有其他解决方案，分析被拒绝的原因，寻找突破口，快速制订第二套方案，切忌过于情绪化，说出一些过激的言语，使整个局面陷入被动和尴尬。

（3）最后，短时多次进行协调或通过带班协调（有必要时，还可通过值班领导），凸显紧迫感，对方见到你多次协调，一定会重新审视当前态势，寻求一个有利局面，毕竟航班的安全顺畅是大家共同关注的焦点。

2. 如何拒绝他人

作为接收方，拒绝他人也是一项极具挑战的工作，既要维护自身利益、守住底线，又要尽量维护与周边单位的良好合作关系，这就需要我们具备更多的方法和技巧。

（1）首先，我们应当避免使用过于生硬的字眼，如"不接""不行""不可能"等。多使用感情色彩不太强烈的词语，如"不太方便""有困难""确实接不了"等，并且尽量尝试提供可行的选项。

（2）其次，进行矛盾转移，例如"这个是××的限制，我帮您去协调一下""××高度是××方向的主用高度，我尝试去协调一下""××区域不同意，确实没有办法"，这样的方式既达到了拒绝的目的，同时也不至于伤害协调方。

通话样例：

管制员：广州，这个高度可能不太方便，毕竟是重庆低扇发布的流控，你的困难我清楚了，稍等我马上去向重庆低扇申请一下。

管制员：广州，确实不好意思，低扇那边冲突比较复杂，确实接不了，你还是只有向武汉移交一下。

（3）最后，学会合理地妥协。合理妥协其实是一种策略，是一种防止更坏结果产生的止损行为。从保障航空安全的大局出发，适当做出妥协来解决问题，只要不触及自身底线，有益于空中运行态势的协调，作为管制员都应该予以配合，切忌做损人不利己的事。

三、沟通中的歧义及避免技巧

沟通，即人与人在信息认知上的交流互换。在日常生活中，人际交流60%通过语言，还有40%依靠的是面部表情和肢体语言的配合。管制工作中的沟通协调有所不同，我们与周边单位沟通的媒介只有电话，对方看不见我们的肢体动作和面部表情，因此只能依靠语言沟通，缺少了面部表情和肢体语言的配合表达，容易产生很多不同的理解，引发歧义的产生。

（一）指代不明

我们经常在协调用语中使用"你/我/他""那个""这个""××位置""××高度的""××机场"来指代具体的航班或者某一管制单位。这种代词放在特定的语境中是有效的，但是仅仅依靠语言交流不易建立共同的情景意识，容易出现协调双方各说各话的情形。因此，在日常协调中，我们必须明确协调的主语和谓语，使用标准的航班号、管制单位名称等。

通话样例：

管制员：广州你好，成都，P234 东边应答机 5436 高度 9 500 的飞机是 CES2996，它正在向南偏航。（建议）

管制员：广州你好，成都，P234 附近有个 9 500 的飞机在偏航。（不建议）

（二）信息内容失真

信息的交换分为三个步骤，分别为收集、整理、传递。这三个步骤均有可能出现差错。要避免出错，首先在收集过程中，要借助有效的工具记录而不是单纯依赖大脑记忆；其次，需要区分事实和观点，只客观记录发生的事实，特别是机组表述的问题，由于存在专业壁垒，不要添加自身观点；再次，整合、梳理收集到的信息，以便准确高效地向外传递，应该尽量简洁明了；然后，信息传递必须及时，因为信息本身具有时效性，而某些信息的有效期可能相当短；最后，在对方收到信息后，双方都应养成复诵和检查的习惯，这样可以有效避免歧义产生，确保信息传递的准确性。

通话样例：

（1）样例一。

飞行员：成都，CCA4506，我刚刚发现发动机单引气故障。

管制员：带班，CCA4506 报告刚刚发现发动机单引气故障。（建议）

管制员：带班，CCA4506报告单发故障。（不建议）

（2）样例二。

飞行员：成都，CCA8107，刚才由于颠簸我高度有上下200英尺的浮动。

管制员：带班，CCA8107报告刚才由于颠簸高度有上下200英尺的浮动。（建议）

管制员：带班，CCA8107报告刚才由于颠簸向上浮动了200英尺。（不建议）

（三）表达不完整

采用公认无歧义的概念和表达方式，如时间、地点、人物（航班）、事件（发生了什么）、结果（对飞行的影响和产生的局面）、需求（机组的意图和请求），是管制员进行事件通报的标准模式。同时，进行信息表述时，应使用陈述口吻，语气尽量平缓有序，避免带入强烈的感情色彩，不使用反问和疑问句。

通话样例：

管制员：带班，50分CCA4506在FLG报告空中发现空调单组件故障，申请在8 900（含）以下巡航，机组意图继续飞往目的地机场，没有其他需求。

四、与管制席的沟通配合

一个管制扇区由管制席和助理席共同构成，缺一不可。在管制工作中，虽然管制席和助理席分工明确，但是双方其实是相互检查、互为备份的，双方必须通力协作，才能共同保障安全。

（一）及时响应，迅速反馈

当管制席提出协调需求时，助理席应该迅速给予反馈，避免管制席把精力放在等待回应上，延误对空指挥时机。同时，助理席向管制席通报信息之后，应确认管制席已完整准确地收到信息，方可处理其他事务，不可因忙于其他事务而忽略对信息传递效果的确认。

（二）筛选甄别通报信息

助理席收到的信息五花八门，多种多样，但不是所有信息都需要立即让管制席知晓。助理席应当按紧急性和时效性进行排序，对接收到的信息进行分类处理，将可能危及空中安全造成严重后果的信息优先通报给管制席，其次是具有时效性的信息，最后才是一般信息。

（三）提前做好策应准备

我们常常说助理席的预案应该走在管制席前面，但并不是要替管制席做决定或影响管制席的预案，而是为管制席将来可能选择的预案做好策应准备。助理席的职能类似于行军作战的参谋，一是根据空中态势和发展趋势推演出尽量多的可能性，制订相应的措施和方案，并及时与相关单位沟通，为管制席可能选择的方案创造实施条件；二是与管制席充分沟通交流，弥补管制席的思维漏洞，共同制订最佳方案，合理地解决冲突；三是助理席接打电话应尽量选择在管制席指挥的空档进行，最大限度避免对空监控的缺失。

后 记

《实用陆空通话指南》由中国民用航空西南地区空中交通管理局业务骨干精心策划编写，经历大大小小无数次研讨，历经反复修订审核终于成稿。在此，谨对一路以来付出心血以及提供支持和帮助的所有人表示衷心的感谢！

感谢各级领导对编写工作的高度重视和大力支持，这是本书创作的先决条件；感谢各位管制同仁积极提供实例材料和优化建议，使本书内容更加贴近实战、更加实用；感谢业界同仁对本书编写的鼎力帮助和不吝指导，促使本书质量更上一层楼；感谢参与本书出版的工作人员，你们的耐心和细心，使本书更加严谨、完善；特别感谢本书的各位编委和审校，你们的辛勤付出和无私分享，浇灌出了丰硕的成果；最后，感谢各位读者的支持和厚爱，书中难免存在不足之处还请海涵。

陆空通话是飞行员与管制员交流的重要渠道，是确保飞行安全的重要手段，也是管制员日常工作的必备技能之一。学习标准通话，提高通话技巧，对于保障飞行安全、提高空中交通效率有着极其重要的意义。但在实际工作中，经常遇到管制员与机组沟通时存在各说各话、误解误判、反复纠缠等情况。这些问题一方面源于飞行员与管制员对彼此工作内容不熟悉而产生的隔阂，另一方面则是由于通话技巧的不足。

而我有幸参与了通话技巧这一课题的研究，在与各位精英骨干共同学习、思考、研讨的过程中，我更加深切地感受到通话技巧的重要性。同样一句话，在"只能闻其声，不能见其面"的陆空通话中，要被正确理解并执行，需要双方高度的共情和信任，以及恰当的信息输出方式，这些都是我们需要研究的技巧。一名管制员通常要在波道中与十几甚至二十几名飞行员通话，如何维持有序、高效的波道秩序，是确保飞行安全、提高飞行效率、提升服务质量的关键。这些技巧在本书中都有所探讨和解读，但这只是冰山一角，还远远不够。未来，我们仍然需要在实践中不断摸索、总结、感悟，安全生产永远在路上，学思践悟也永远在路上！

　　希望本书能带给广大读者一些启发和感悟，为日常工作带来更多便利。也欢迎各位读者提出优化改进建议，帮助我们不断完善和进步。最后，期待大家能坚守初心、砥砺前行，与我们一道追逐光，靠近光，成为光，散发光！

蒋星辉

2024 年 1 月